Advanced Python

[ディープラーニングによる 自然言語処理]

山田 育矢・柴田 知秀・進藤 裕之・玉木 竜二 著

2

共立出版

Advanced Python

編集委員　福島真太朗・堀越真映
編集協力　小嵜耕平

まえがき

　近年，ディープラーニングの高性能化に伴って，従来まで高度な知見が必要だった自然言語処理のタスクを簡単かつ高精度に解くことができるようになってきています．また，ディープラーニングを使ったモデルの開発のためのツールやデータセットの整備が急速に進んでおり，少しの知識があればディープラーニングのモデルを簡単に作ることができる環境が整備されつつあります．

　本書は，ディープラーニングを用いた自然言語処理の基礎から応用までを解説した入門書です．主な対象読者としては，これから自然言語処理を学ぶ学生や，実務で自然言語処理を使うエンジニアを想定しています．執筆にあたっては，理論と開発方法の双方をバランスよく短期間で学べることを重視しました．

　具体的には，実応用で使われることが多い文書分類，評判分析，固有表現認識の 3 つのタスクについて，PyTorch と AllenNLP を用いて，全てソースコード付きで解説を行いました．解説には，日本語のデータセットを用いており，訓練したモデルは，すぐに使うことができるようになっています．また，近年注目を集めている BERT については，背景から AllenNLP での使い方まで詳細に解説を行いました．

　本書では，データセットとして，株式会社ロンウイットが提供している「Livedoor ニュースコーパス」，Amazon.com, Inc. が公開している「Amazon Customer Reviews Dataset」，京都大学黒橋・褚・村脇研究室が公開している「ウェブ文書リードコーパス」を利用しました．また，訓練済みモデルとして，Meta Platforms, Inc. の公開している fastText，東北大学乾研究室が公開している日本語 BERT モデル，株式会社バンダイナムコ研究所が公開している日本語 DistilBERT モデルを使いました．この場を借りて感謝いたします．

　本書で用いられているライブラリの一つである AllenNLP について，開発元である Allen Institute for AI による更新やサポートが行われなくなることが，本書の校正作業後に発表されました．書籍中で紹介しているソースコードは Google Colab 上で問題なく動作することを確認しており，また既存の AllenNLP のバージョンについては問題なく動作するものと考えられますが，製品の開発等において AllenNLP を使われる際には，ご留意ください．

　また，本書は AllenNLP を使ってコードの解説を行っていますが，他のライブラリを利用する場合にも適用可能な一般的な説明が多く含まれていますので，自然言語処理に取り組まれている多くの方にお読みいただけると幸いです．

開発環境

本書で扱うすべてのソースコードは，Google Colaboratory を使ってブラウザ上で動かすことができます．ソースコードは下記の URL で公開されています．

https://github.com/python-nlp-book/python-nlp-book

本書の構成

本書は以下のように 7 章で構成されています．

- 第 1 章では，まず自然言語処理を概観し，この分野で取り組まれてきた主要なタスクを概観します
- 第 2 章では，本書の解説を理解するために必要なニューラルネットワークの基礎を解説します
- 第 3 章では，文書分類モデルを題材に，PyTorch と AllenNLP を用いたモデル開発の基本事項について説明します
- 第 4 章では，畳み込みニューラルネットワークを用いた評判分析モデルの開発を解説します
- 第 5 章では，リカレントニューラルネットワークを用いた固有表現認識モデルの開発を紹介します
- 第 6 章では，BERT のモデルの背景と理論について詳しく解説します
- 第 7 章では，BERT を使って，第 3〜5 章で解説した文書分類，評判分析，固有表現認識を解く方法を説明します

第 1〜2 章を進藤，第 3〜5 章を山田，第 6〜7 章を柴田が主に執筆し，コードの開発の一部を玉木が担当しました．

2023 年 2 月
著者を代表して
山田育矢

目　次

第6章　BERT の背景とその理論　94

第7章　BERT による日本語解析　118

第❶章 はじめに

1.1 自然言語処理とは

自然言語処理 (natural language processing, **NLP**) とは，人間がコミュニケーションに用いている英語や日本語などの言語をコンピュータによって処理する技術のことです．言葉には書き言葉と話し言葉の二種類がありますが，自然言語処理では主に書き言葉を対象とします．「自然言語」という用語は，プログラミング言語のような人工的に定義された形式言語との対比として用いられます．人工言語と比較して，自然言語は多様な表現が可能である反面，文法や単語の用法に曖昧性があり，時代とともに用法や意味が変化していくため明確な仕様を定めることができないという特徴があります．したがって，そのような言語の曖昧性をコンピュータでうまく扱うために，近年では**ニューラルネットワーク** (neural network) をはじめとする統計的な手法が広く用いられています．

自然言語処理の応用として，機械翻訳，文書要約，チャットボット，文書分類，評判分析，テキストマイニングなどが挙げられます．機械翻訳は，ある言語のテキストを別の言語へ自動で翻訳する処理です．**機械翻訳**はすでに様々な場面で実用化され，近年急速に性能が向上していますが，複雑な長文や深い意味理解を要する翻訳はまだまだ発展途上で，今後の課題です．**文書要約**は，大量の文書から重要な情報を抜き出して，簡潔にまとめる処理です．大量のオフィス文書からまとめを作成したり，ニュースのヘッドライン生成に用いられています．**チャットボット**は，テキストや音声で人間との会話を自動的に行う処理で，レストランやホテルの予約をしたり，商品やサービスの問い合わせを自動で対応するプログラムとして使われています．**評判分析**とは，テキストに含まれる評判情報を同定したり分類する処理です．例えば，商品のレビューに関するテキストを肯定的な記述と否定的な記述に分類したり，旅行の日記から

図 1.1 固有表現認識の例

観光地の良かった点や改善点を抽出するために用いられています．このような評判情報を含むテキストを 1 件ずつ人手で確認するのは非常に大変でコストがかかるため，自然言語処理によって自動化できることが期待されています．

これらの応用を実現するために，自然言語処理分野では以下のような基礎的なタスクが個別に研究されてきました．

- **形態素解析** (morphological analysis)

  日本語のように単語に分かれていないテキストを単語列に分割して品詞を付与する処理です．

  例えば，「今日の天気は雨です。」という文を，「今日/名詞」，「の/助詞」，「天気/名詞」，「は/助詞」，「雨/名詞」，「です/助動詞」，「。/補助記号」と解析します．

- **固有表現認識** (named entity recognition, **NER**)

  テキストに含まれる人名，地名，組織名などを同定する処理です．

  図 1.1 に固有表現認識の例を示します．「フランス」や「ルーブル美術館」のように，色の付いたテキスト範囲が固有表現です．それぞれの固有表現には，カテゴリの情報が付与されています．例えば，「フランス」は国名なので「Country」，「ルーブル美術館」は場所の名前なので「Location」がカテゴリとなります．固有表現認識では，文を入力として，上記のような固有表現のテキスト範囲およびカテゴリを出力することが目的です．

  文書から情報抽出やテキストマイニングを行う場合，抽出したい情報は固有表現であることが多いため，固有表現認識の技術が盛んに研究されています．固有表現の情報がタグ付けされたデータセットとしては，英語では CoNLL2003 コーパス[4] や OntoNotes コーパス[2] などが有名です．また，日本語のデータセットとしては，京都大学ウェブ文書リードコーパス[1) が挙げられます．

- **関係抽出** (relation extraction)

  固有表現同士の関係を同定する処理です．

  関係抽出は，広い意味では，テキストが表す何らかのオブジェクト間の関係を抽出することですが，特に固有表現同士の関係抽出を指すことが一般的です．例えば，先ほどの固有表現認識の例では，「ルーブル美術館」は「フランス」にあるので，これらの間には

---

1) http://nlp.ist.i.kyoto-u.ac.jp/index.php?KWDLC

図 1.2　係り受け解析の例

「located-in」という関係が成り立ちます．他にも，例えば会社と人名の間には「CEO-of」
や「employee-of」といった関係が成立します．

このように，文書から固有表現認識と関係抽出を行うことで，その文書に含まれる重要な情
報を取り出すことができるため，情報抽出やテキストマイニングの基礎技術として広く用い
られています．また，関係抽出の情報を蓄積することで，「ルーブル美術館はどこにありま
すか？」という質問に対して，「フランス」と回答するような質問応答のシステムを構築す
ることができます．

- **構文解析** (syntactic parsing)

文の文法的な構造を解析する処理です．

図 1.2 は，構文解析の一種である係り受け解析の例です．図の例では，文節間の係り受け
関係を「dep」という矢印で表現してあり，例えば「フランスの」と「ルーブル美術館で」
には係り受け関係があることを示しています．「Noun」と「Verb」は，それぞれ名詞や動
詞を中心とした文節であることを表しています．このように，係り受け解析によって単語や
文節間の文法的な関係を明らかにすることで，テキストの表層を見るだけでは捉えられない
構造的な情報を明らかにすることができます．

- **述語項構造解析** (semantic role labeling, **SRL**)

述語と項の関係に基づく文の意味構造を解析する処理です．

文の意味をコンピュータ上でどのように表現するかは難しい問題ですが，「誰が」「何を」
「いつ」「どこで」「どうした」という情報を理解することができれば，文の大まかな意味を
捉えることができます．

述語項構造解析では，文の述語と，その述語の項を同定します．項とは，述語が必要とする
要素のことです．例えば，「レオはお昼にご飯を食べた」という文では，「食べた」が述語と
なり，「レオは」や「お昼に」が述語の項となります．

- **照応・共参照解析** (anaphora and coreference resolution)

照応詞（代名詞や指示詞など）の指示対象を推定したり，省略された名詞句（ゼロ代名詞）
を補完する処理です．

例えば，「太郎は時計を買った．それを毎日身に着けている．」という文書では，「それ」は
時計のことを指します．また，「身に着けている」の主語は省略されていますが，これは太
郎のことを指します．このように，「彼」「彼女」のような代名詞や，「あれ」「これ」などの

指示詞が指すものを明らかにしたり，省略されている名詞を補完するのが照応解析です．機械翻訳を例に挙げると，日本語を英語に翻訳するときには省略されている主語を補う必要があるため，照応解析は重要な自然言語処理タスクの一つとなっています．

これらの様々なテキスト解析処理は，言語の意味理解のために必要なステップと考えられており，テキストを分割するという処理から始まり，文の構造や意味を明らかにする高次な処理まで様々なレベルが存在します．また，それぞれの解析処理は，目的に応じて必要なものを選択し，パイプライン処理によって組み合わせることもできます．

パイプライン処理とは，いくつかの処理を順番に適用することで最終的な出力を得る処理方式のことです．例えば，文の係り受け構造が必要だとすると，まず入力テキストに対して形態素解析を行い，その出力を構文解析の入力として，係り受け情報を得ます．さらに高次の意味構造が必要な場合は，構文解析の出力結果を入力として述語項構造解析を行う，といった具合です．これらの標準的な解析処理をうまく組み合わせることによって，テキストの持つ様々な情報を利用したアプリケーションを構築することができます．一方で，複数の解析処理をパイプライン式に組み合わせることで解析エラーが蓄積する問題や，アプリケーションに必要な部分処理の取捨選択のために多くの試行錯誤が必要となるという問題があるため，これらの問題を改善するための様々な研究開発が進められています．

1.2　自然言語処理とディープラーニング

自然言語処理分野の近年の進展として，**ディープラーニング** (deep learning) の台頭が挙げられます．ディープラーニングは，多層のニューラルネットワークのことで，画像処理分野で大きな成功を収めました．自然言語処理分野においても，様々なタスクにディープラーニングが適用されており，従来の技術と比較して高性能なモデルを構築することに成功しています．

近年の自然言語処理に関する話題として，Word2vec や BERT などの名前を一度は耳にしたことがあるかもしれません．Word2vec は，2013 年に提案された単語エンベディング（ベクトル表現）を求める手法です．単語エンベディングでは，単語をベクトル表現に変換することでコサイン距離などの距離を計算することができるため，距離の大小によって単語の文法的・意味的な近さを測ることができます．Word2vec では，文脈の似ている単語エンベディングは互いに距離が近くなるように学習することによって，単語の意味を反映した分散表現を求めることに成功しました．また，大規模なテキストデータから Word2vec によって学習された単語エンベディングは，**加法構成性** (additive compositionality) を持つことが大きな話題

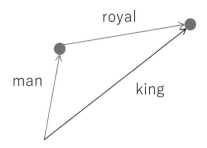

図 1.3 単語エンベディングの加法構成性の例

となりました．加法構成性とは，例えば "man"（男）のベクトルと "royal"（王立）のベクトルを加算すると "king"（王）のベクトルになる，すなわち，"man" + "royal" ≈ "king" が成立するということです（図 1.3）．全ての単語についてこのような加法構成性が成立するわけではありませんが，大規模なテキストからこのような意味的な類似度を捉えた表現が獲得されたことは，人々の大きな注目を集めました．

　BERT は，2018 年に Google の研究者によって提案された単語エンベディングを求める機械学習モデルで，様々な自然言語処理タスクの性能を一段と向上させることに成功しました．Word2vec と比較して，BERT は**セルフアテンションモデル** (self-attention model) と呼ばれるニューラルネットワークを用いて，より大域的な文脈を考慮できることが特徴です．

　このように，単語エンベディングを計算する様々な手法の発展に伴い，自然言語処理のあらゆる領域でニューラルネットワークが使用されるようになってきました．また，ニューラルネットワークを使用することにより，従来のように複数のタスクをパイプライン的に組み合わせるのではなく，目的の出力を直接最適化するアプローチも好まれるようになってきています．例えば，機械翻訳では，翻訳元の文を構文解析するモデルと，構文解析済みの文を入力として翻訳先の文を出力するという 2 つのモデルを組み合わせたパイプライン処理で実現できます．目的の出力を直接最適化するアプローチでは，翻訳元の文を直接翻訳先の文へ変換するモデルで機械翻訳を実現します．一方で，ニューラルネットワークによってあらゆる自然言語処理の問題が解決されたわけではなく，照応解析や意味解析など，現在の技術でも困難な課題が数多く残っています．また，画像処理や音声処理との融合や，より高度な意味理解が必要な自然言語処理タスクは，ニューラルネットワーク技術とともにこれからますます発展していくことが期待されます．

　本書では，文書分類，評判分析，固有表現認識という自然言語処理のタスクを取り上げ，それぞれについて Python を用いて実装を行い，内容について解説します．文書分類と評判分析は，自然言語処理の中でもアプリケーションに近いタスクで，固有表現認識はどちらかというと基礎的なタスクです．これらの 3 つのタスクについて理論と実践を通して理解を深めることにより，様々な自然言語処理へ応用することができるでしょう．

1.3 数式の表記

　本書における数式の表記ルールについて下記に示します.

- スカラー変数：小文字アルファベットで表記（例：a）
- スカラー定数：大文字アルファベットで表記（例：H）
- ベクトル：小文字太字アルファベットで表記（例：$\boldsymbol{b}$）
- 行列：大文字太字アルファベットで表記（例：$\boldsymbol{W}$）
- 関数：アルファベットまたはギリシャ文字で表記（例：$\mathrm{softmax}(x)$, $f(x)$, $\sigma(x)$）
- ベクトルの内積：$\boldsymbol{a} \cdot \boldsymbol{b}$
- 行列・ベクトルの要素単位の積：$\boldsymbol{a} \odot \boldsymbol{b}$
- 行列・ベクトルの積：$\boldsymbol{AB}$, $\boldsymbol{Wx}$
- 行列・ベクトルの転置：$\boldsymbol{W}^{\top}$, $\boldsymbol{b}^{\top}$

- ベクトルの連結：$\begin{bmatrix} \boldsymbol{a} \\ \boldsymbol{b} \end{bmatrix}$

- 行列の値：i 行 j 列の値は $\boldsymbol{W}_{i,j}$
- ベクトルの値：i 番目の値は $\boldsymbol{b}_i$

第❷章 ニューラルネットワークの基礎

2.1 教師あり学習

　ニューラルネットワークは機械学習で用いられる代表的な手法の一つです．機械学習には，教師あり学習，教師なし学習，強化学習などの種類がありますが，自然言語処理でよく用いられるのは教師あり学習と教師なし学習です．本章では教師あり学習について説明します．教師なし学習については，6.1.2 項を参照してください．

　教師あり学習とは，訓練事例となる入力と出力のペアが与えられたときに，入力から出力をうまく予測できる関数を学習することです．これらの訓練事例の集合を**訓練データ** (training data) と呼びます．例えば，ニュースのテキストを「政治」「芸能」「IT」などのトピックに分類したい場合，入力はニュースのテキストで，出力は「政治」「芸能」「IT」などのトピックとなります．ウェブサイトなどでニュースを収集し，それぞれの文書についてトピックを付与したデータを作成すれば，それらを訓練データとして用いることができます．

　教師あり学習には，**分類** (classification) と**回帰** (regression) の二種類があります．分類は，出力がカテゴリなどの離散値である場合を指し，回帰は，株価や価格を予測するときのように出力が連続値である場合を指します．先ほどのニュースのテキストの例では，「政治」「芸能」「IT」などのトピックは離散化されたカテゴリですので，これらを予測する問題は分類問題と呼ばれます．一方，株価や価格のように切れ目がなく連続している値を出力する問題は回帰問題と呼ばれます．

　自然言語処理の多くのタスクは，分類問題として定式化することができます．例えば，1.1 節で紹介した形態素解析や固有表現認識のタスクは，単語に対してカテゴリを予測する分類問題となります．また，機械翻訳のように単語の系列を出力する場合でも，翻訳先の単語を繰り

返し選択することによって翻訳結果を得ることができるため，分類問題を繰り返し解くことによって実現することができます．

2.2 パーセプトロンによる文書分類

　それでは，具体的に機械学習を用いて文書分類を行う方法について説明します．例題として，電子メールが迷惑メールであるかどうかを判定する「スパム判定」という問題を考えます．これは，電子メールのテキストを入力として，スパムかどうかの二値を出力する問題ですので，分類問題となります．また，機械学習の手法として**パーセプトロン** (perceptron) という方法を用います．これは，ニューラルネットワークの基礎となっている単純なモデルです．

　例えば，電子メールの内容が「カードのお支払いが確認できませんでした。以下の URL へアクセスしてパスワードを入力してください。」といった文面の場合，迷惑メールである可能性が高いでしょう．これを機械学習によって判定するためには，まずはじめに電子メールのテキストを D 次元のベクトルへ変換する必要があります．このベクトルをテキストの**特徴ベクトル** (feature vector) と呼びます．

　テキストを特徴ベクトルへ変換するには様々な方法があります．例えば，あらかじめ NG ワードとして「カード」「URL」「お金」のようなキーワードを考えます．また，「仕事」「犬」「子供」など，迷惑メールと関係がなさそうなキーワードを OK ワードとします．そして，電子メールに含まれる単語のうち，NG ワードの割合と OK ワードの割合をそれぞれ計算すると，一通の電子メールは，$\begin{bmatrix} 0.2 \\ 0.3 \end{bmatrix}$ のような 2 次元の特徴ベクトルへ変換されます．ただし，0.2 は NG ワードの割合で，0.3 は OK ワードの割合です．このように特徴ベクトルを計算して図示したものが図 2.1 です．図 2.1 では，●は迷惑メールの特徴ベクトルを，▲は迷惑メールでないメールの特徴ベクトルを描画しています．迷惑メール同士の特徴ベクトルは互いに似ているため距離が近く，迷惑メールでないメール同士の特徴ベクトルも似たような位置に偏っていることがわかります．

　次に，図 2.1 で迷惑メールとそれ以外とを分けるために境界線を引くことを考えます．うまく境界線を決定することができれば，スパム判定を正しく行うことができます．このときに使用するのが，パーセプトロンです．

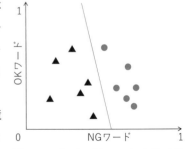

図 2.1　パーセプトロンによる二値分類の例．●は迷惑メールを表し，▲は迷惑メールでないメールを表す．

図 2.2 にパーセプトロンの例を図示します．パーセプトロン

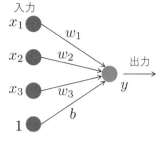

図 2.2 パーセプトロン

は，入力となる特徴ベクトルを $\boldsymbol{x} = \begin{bmatrix} x_1 \\ x_2 \\ \vdots \\ x_D \end{bmatrix}$ とすると，$\boldsymbol{x}$ の i

番目の要素である x_i と重み w_i とをそれぞれ掛け合わせて合計し，最後にバイアスと呼ばれる値 b を足します．その合計値 $f(x)$ が 0 より大きい場合には 1 を出力，0 より小さい場合には 0 を出力します．数式で記述すると，以下のようになります．

$$f(\boldsymbol{x}) = w_1 x_1 + w_2 x_2 + \cdots + w_D x_D + b$$
$$= \sum_{i=1}^{D} w_i x_i + b = \boldsymbol{w}^\top \boldsymbol{x} + b,$$
$$y = \begin{cases} 1 & f(\boldsymbol{x}) > 0 \\ 0 & \text{otherwise} \end{cases}$$

ただし，y はパーセプトロンの出力を表し，y が 1 となったときには，メールがスパムである

と判定します．重み $\boldsymbol{w} = \begin{bmatrix} w_1 \\ w_2 \\ \vdots \\ w_D \end{bmatrix}$ は特徴ベクトルの重要度を決める値で，図 2.1 の境界線の傾

きを決定します．バイアス b は，境界線の切片を決定します．このように，パーセプトロンでは，適切な重み $\boldsymbol{w}$ を設定することにより，入力データの特徴ベクトルから，迷惑メールとそれ以外とを機械的に分類することができます．

パーセプトロンの最適な重み $\boldsymbol{w}$ の値を決定するために，訓練データを用いてパーセプトロンの重みを調整するプロセスを**学習**あるいは**訓練** (training) と呼びます．また，学習によって調整可能な変数を**パラメータ** (parameter) と呼びます．パーセプトロンでは，重み $\boldsymbol{w}$ とバイアス b がパラメータとなります．また，スパム判定の例では，電子メールのテキストと，それがスパムかどうかの正解のペアが訓練事例となります．

もう少し具体的に学習の流れを見ていきましょう．学習時には，まずランダムな重みとバイアスの値でパーセプトロンを初期化します．そして，現時点でのパーセプトロンのパラメータを用いていくつかの訓練事例を処理し，スパム判定を行います．次に，スパム判定の予測結果と正解とを比較して，どのくらいうまく分類できるかを数値で評価します．この数値を**損失** (loss) と呼び，損失を計算するための関数を**損失関数** (loss function) と呼びます．予測結果と正解が一致していれば損失は 0 となり，一致していなければ 0 より大きな値となります．学

習時には，損失の値を小さくするようにパーセプトロンのパラメータを更新します．パラメータの更新方法については後述しますが，学習がうまく進んでいくと損失の値は徐々に小さくなっていき，メールを正しくスパム判定できるパラメータを得ることができます．

　パーセプトロンは非常に単純なモデルであり，図 2.1 に示すように，直線によって特徴ベクトルを分類することしかできません．このような問題を線形分離可能な問題と呼びます．パーセプトロンでうまく分類できない問題，すなわち線形分離不可能な問題には，層の数を増やしたニューラルネットワークや，ニューラルネットワーク以外の非線形な機械学習モデルを使うことで分類できるようになります．

　また，特徴ベクトルの作成方法も重要です．テキストがスパムかどうかという判定に有効な特徴をうまく捉えた特徴ベクトルを作成することができれば，パーセプトロンのような単純な方法でも十分にスパム判定を行うことができます．しかし，特徴ベクトルの設計は難しい問題で，良い特徴ベクトルを得るためには様々な試行錯誤が必要になります．

2.3　ニューラルネットワーク

　パーセプトロンを拡張したモデルとして，ニューラルネットワークがあります．パーセプトロンでは入力に対して一度だけ重み付き和を計算しましたが，ニューラルネットワークでは，この処理を何度も行うことによって複雑な変換を行い，より分類に適した特徴ベクトルを求めることができます．

　ニューラルネットワークは，順伝播型や再帰型などの種類がありますが，ここでは**順伝播型ニューラルネットワーク** (feedforward neural network) について説明します．図 2.3 は順伝播型ニューラルネットワークを図示したものです．順伝播型ニューラルネットワークでは，入

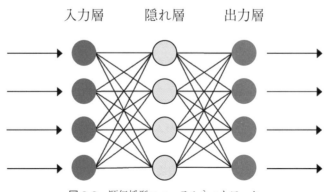

図 2.3　順伝播型ニューラルネットワーク

力層，隠れ層，出力層によってデータを処理し，最終的な計算結果を出力します．実際には，隠れ層は複数の層で構成されることがあるため，その場合は 3 層よりも深いネットワークとなり，そのような深いネットワークを用いた学習をディープラーニングと呼びます．

　数学的には，順伝播型ニューラルネットワークは，入力ベクトルに線形変換あるいは非線形変換を繰り返し適用して，最終的な出力を得る関数であるといえます．

　線形変換とは，平面上の点 (x, y) を点 (x', y') に変換するとき，$x' = ax + by$, $y' = cx + dy$ となるような変換のことです．ある直線に対して，直線上のあらゆる点を線形変換すると，別の直線に変換されるという性質があります．線形変換を行列とベクトルで表記すると，以下のようになります．

$$\begin{bmatrix} x' \\ y' \end{bmatrix} = \begin{bmatrix} a & b \\ c & d \end{bmatrix} \begin{bmatrix} x \\ y \end{bmatrix}$$

　一方，非線形変換は，$\sin x, \log x, x^2$ のような線形変換ではない変換のことで，変換後は直線にはなりません．ニューラルネットワークで複雑な関数を学習したい場合，線形変換では十分に表現できないことがあるため，非線形変換をうまく使う必要があります．

　順伝播型ニューラルネットワークでは，以下の式によってベクトル $\boldsymbol{x}$ をベクトル $\boldsymbol{h}$ に変換します．

$$\boldsymbol{h} = \phi(\boldsymbol{Wx} + \boldsymbol{b})$$

ただし，$\boldsymbol{h}$, $\boldsymbol{W}$, $\boldsymbol{b}$ のことを，それぞれ隠れベクトル，重み行列，バイアスベクトルと呼びます．重み行列とバイアスベクトルはモデルのパラメータで，学習によって値が調整されます．また，ϕ を**活性化関数** (activation function) と呼びます．活性化関数の具体例については後述します．パーセプトロンの式と比較すると，$\boldsymbol{W}$ と $\boldsymbol{b}$ はそれぞれ行列とベクトルになっており，計算結果もベクトルになります．また，活性化関数という非線形変換を導入することにより，複雑な関数を表現できるようになっています．

　ディープラーニングでは，上記のような非線形変換を何度も繰り返すことにより，入力データから有用な特徴ベクトルを計算します．具体的には，第 l 層目の隠れベクトルを $\boldsymbol{h}^l$ とすると，以下のように書くことができます．

$$\boldsymbol{h}^{l+1} = \phi^l \left(\boldsymbol{W}^l \boldsymbol{h}^l + \boldsymbol{b}^l \right)$$

ただし，重み行列 $\boldsymbol{W}^l$，バイアスベクトル $\boldsymbol{b}^l$，活性化関数 ϕ^l は，層ごとに別々のものを用いる場合もあれば，全ての層で共通のものを用いる場合もあります．このような非線形変換を何度も繰り返した後，最終的な出力ベクトル $\boldsymbol{o}$ を得ます．また，各層で用いられるベクトルの次元数は必ずしも同じとは限りません．例えば，入力層では 100 次元のベクトルを用いて，

隠れ層では 300 次元に増やし，出力層では 10 次元に減らすということが行われます．

　自然言語処理の分類問題では，出力層の出力ベクトルの次元数は，分類対象となるカテゴリの種類と同じになります．例えば，ニュースの文書分類の例では，ニュースのカテゴリが 10 種類だとすると，出力ベクトルも 10 次元となるように設計します．そして，10 次元のベクトルを計算した後，この出力ベクトルを **softmax 関数** (softmax function) に入力して，合計が 1 となるように変換します．softmax 関数は以下の式で表されます．

$$\mathrm{softmax}\,(o_c) = \frac{\exp\,(o_c)}{\sum_{\tilde{c}=1}^{N} \exp\,(o_{\tilde{c}})}$$

ただし，c はカテゴリのインデックスで，全部で N 種類とします．softmax 関数の出力は合計すると 1 になるため，各カテゴリの予測確率とみなすことができます．

　ニューラルネットワークの学習時には，softmax 関数の出力ベクトルが正解のベクトルに近づくようにパラメータを調整します．ただし，分類問題の正解はどれか 1 つのカテゴリとなるため，$[0,0,1,\dots,0,0]^{\top}$ のように，正解のクラスの要素だけ 1，それ以外が全て 0 となるベクトルを正解のベクトルとします．このようなベクトルを**ワンホットベクトル** (one-hot vector) と呼びます．

　分類問題の損失関数として，以下の**交差エントロピー** (cross entropy) 損失関数がよく用いられます．

$$L\,(y,z) = -\sum_{c=1}^{N} p_c \log q_c$$

ただし，p_c は前述の正解ベクトルの c 番目の要素で，q_c は softmax 関数の出力ベクトルの c 番目の要素です．

2.3.1　活性化関数

　活性化関数 ϕ として，様々な種類の非線形関数が用いられます．ここでは代表的なものをいくつか紹介します．

● シグモイド関数

$$\mathrm{sigmoid}\,(x) = \frac{1}{1 + \exp\,(-x)}$$

シグモイド関数（図 2.4）は，入力値を 0 から 1 の範囲の値へ変換します．入力がベクトルである場合は，各次元の値に対して，それぞれシグモイド関数を適用します．したがって，入力と出力の次元数は同じになります．

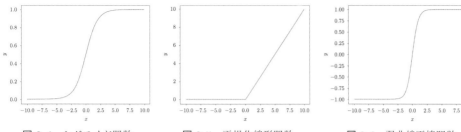

図 **2.4** シグモイド関数　　図 **2.5** 正規化線形関数　　図 **2.6** 双曲線正接関数

- **正規化線形関数** (rectified linear unit, **ReLU**)

$$\mathrm{relu}\,(x) = \max\,(0, x)$$

正規化線形関数（図 **2.5**）は ReLU 関数としても知られており，ディープラーニングでは非常によく用いられている活性化関数の一つです．この関数は，入力が 0 以下であれば 0 を出力し，0 より大きければそのままの値を出力します．

- **双曲線正接関数** (hyperbolic tangent)

$$\tanh\,(x) = \frac{\exp\,(x) - \exp\,(-x)}{\exp\,(x) + \exp\,(-x)}$$

双曲線正接関数（図 **2.6**）は tanh 関数としても知られており，入力 x を -1 から 1 の範囲の値へ変換します．

その他にも，これまでに様々な活性化関数が提案されており，対象とする問題やデータに応じて適切なものを選択する必要があります．

2.3.2　確率的勾配降下法と誤差逆伝播法

ニューラルネットワークの損失関数を最小化する方法として，**最急降下法** (gradient descent) が広く知られています．最急降下法は，関数の傾き（1 階微分）の値を用いて関数の最小値を探索する手法で，パラメータ θ の値を以下のように更新します．

$$\theta^{k+1} = \theta^k - \eta\frac{\partial L\,(\theta^k)}{\partial \theta^k}$$

ただし，ステップ k におけるモデルのパラメータを θ^k と表記しています．また，η は学習率 (learning rate) と呼ばれる値で，事前に決めておく必要があります．

図 **2.7** に最急降下法の概要を示します．図 2.7 の点は，ステップ k におけるパラメータ θ と損失関数 L の値を示しています．通常，パラメータの値はランダムな初期値から始めて，上記の更新式を用いて徐々に最適な値を探索していきます．最急降下法の特徴としては，関数

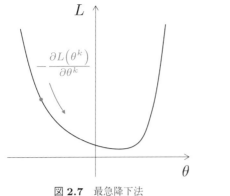

図 2.7 最急降下法

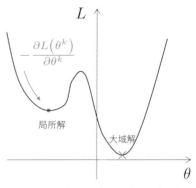

図 2.8 最急降下法で局所解に陥る例

の傾きのみを計算できればよいので，アルゴリズムが単純で計算が速いという点が挙げられます．一方で，図 2.8 に示すように，複雑な関数では，局所的な最小値（局所解）しか見つけることができない場合があります．これは，関数の谷（凹となる部分）が複数あるため，初期値によっては局所的な最小値から抜け出せなくなってしまい，大域解まで探索が進まないためです．このような問題点を少しでも解消するために，複数の初期値から探索を行うなどの工夫がされることもあります．

　最急降下法では，全ての訓練事例を用いて傾きを計算し，パラメータの更新を行います．このように，一度の更新に全ての事例を用いる方法を**バッチ法**と呼びます．しかしながら，大量のデータを用いて目的関数を最小化するパラメータを探索するときには，一度に全ての事例をコンピュータで処理することは，メモリ容量や計算速度の観点から困難です．そこで，最急降下法のかわりに**確率的勾配降下法** (stochastic gradient descent, **SGD**) がよく用いられます．確率的勾配降下法では，訓練事例からランダムに選択された事例のみで傾きを計算し，最急降下法と同様にパラメータの更新を行います．ランダムに選択する事例は必ずしも 1 つである必要はなく，複数の事例（ミニバッチ）をまとめて用いる方法がよく用いられます．これを**ミニバッチ法**と呼びます．ニューラルネットワークの学習では，ミニバッチ法による確率的勾配降下法が広く用いられており，経験的に性能も良いことが知られています．

　原始的な確率的勾配降下法では，学習率 η をあらかじめ固定してモデルのパラメータを更新していきますが，学習率の最適な値を事前に決定することは難しい問題です．そこで，確率的勾配降下法を改良した様々なパラメータ最適化手法が提案されています．代表的なものには，モーメンタム SGD 法，AdaGrad[1] や Adam[3] などがあります．

　確率的勾配降下法によってモデルを学習するためには，目的関数の偏微分の計算が必要です．ニューラルネットワークで用いられる目的関数の偏微分を計算するアルゴリズムとして，**誤差逆伝播法** (backpropagation) が知られています．誤差逆伝播法は，ニューラルネットワ

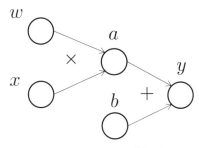

図 2.9　$y = wx + b$ の計算グラフ

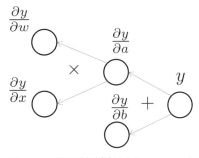

図 2.10　誤差逆伝播法による $y = wx + b$ の偏微分の計算

ークの出力に対して計算された損失を，計算方向とは逆に遡って誤差を伝播させることで偏微分を計算する方法です．具体例として，図 2.9 に $y = wx + b$ の**計算グラフ** (computational graph) を図示します．ただし，$a = wx$，$y = wx + b$ とします．計算グラフとは，計算の流れをノードとエッジで表現したもので，w や x などの変数をノードとして，乗算や加算などの演算をエッジとして表しています．誤差逆伝播法では，出力側から入力側に向かって逆順に偏微分の値を計算します．この計算の流れを図 2.10 に示します．

　このとき，y を最小化するために a，b，w，x のそれぞれに関する偏微分の計算をすると，以下のようになります．

$$\frac{\partial y}{\partial a} = 1, \qquad \frac{\partial y}{\partial b} = 1,$$
$$\frac{\partial y}{\partial w} = \frac{\partial y}{\partial a} \cdot \frac{\partial a}{\partial w} = x, \qquad \frac{\partial y}{\partial x} = \frac{\partial y}{\partial a} \cdot \frac{\partial a}{\partial x} = w$$

$\partial y / \partial w$ と $\partial y / \partial x$ の計算では，**連鎖律** (chain rule) を用いて，1 つ前（出力側）の偏微分の結果を利用していることに注意してください．計算グラフが巨大で複雑になったとしても，上記の基本的な手続きは変わらず，計算グラフの出力側から入力側へ向かって，順番に偏微分を計算していくことができます．ニューラルネットワークの学習では，このようにして誤差逆伝播法で求めた偏微分の値を用いて，確率的勾配降下法でパラメータの値を更新していきます．

2.3.3　ハイパーパラメータ

　ニューラルネットワークには，重み行列やバイアスベクトルのような学習中に更新されるパラメータ以外に，層の数，ベクトルの次元数，バッチサイズ（ミニバッチに含まれる事例数），確率的勾配降下法の学習率など，事前に決めておくパラメータがあります．これらのパラメータを**ハイパーパラメータ** (hyperparameter) と呼び，モデルの性能に大きな影響を与えます．適切なハイパーパラメータを決定することは一般に難しい問題ですが，グリッド探索，ランダム探索，ベイズ探索などの方法が知られています．具体的なハイパーパラメータ探索の方法に

ついては，4.4 節で紹介します．

2.4　訓練，検証，テスト

　教師あり学習には，訓練，検証，テストという 3 つのステップがあり，各ステップで用いるデータをそれぞれ訓練データ，**検証データ** (validation data)，**テストデータ** (test data) と呼びます．

　訓練データとは，その名のとおりモデルの訓練を行うために使用するデータです．通常，他のデータと比較して最も多くのサンプル数が必要となります．検証データは，学習の途中でモデルの性能を評価するために使用されるデータです．訓練データを用いてモデルの訓練を行うと，モデルは訓練データに徐々に適合していきますが，その一方で**過学習** (overfitting) に陥ってしまう恐れがあります．過学習とは，モデルが訓練データに対して過剰に適合してしまい，訓練データ以外の未知のデータに対してはうまく予測ができない状態のことです．

　そこで，訓練データとは別の検証データを用いて，モデルの性能評価を行います．テストデータは，検証データと同様にモデルの性能評価のために用いられるデータですが，訓練が完了した後の最終的な性能評価に用いられるという点において，検証データとは区別されます．また，検証データは，モデルのハイパーパラメータを調整するために利用されることがありますが，テストデータは学習済みモデルの性能を評価するためだけに用いられます．自身の手元にあるデータを用いてモデルの教師あり学習を行う場合，データをどのような割合で 3 つに分割するかという明確な決まりはありませんが，例えば，全体を 8 : 1 : 1 の割合で分割して，それぞれ訓練データ，検証データ，テストデータとする場合があります．

2.5　PyTorch

　ここまで，ニューラルネットワークによる教師あり学習について説明してきました．実際にニューラルネットワークを用いた自然言語処理を行うために，既存のライブラリを利用することができます．次章から紹介する AllenNLP は，PyTorch というニューラルネットワークライブラリをベースとして構築された自然言語処理ライブラリです．AllenNLP を用いる場合，AllenNLP が多くの高レベルな API を提供しているため，PyTorch をほとんど意識することなく自然言語処理のモデルを構築することができます．しかしながら，具体的にどのよう

な計算が行われているかをソースコードで確認したり，細かく実装を調整したりカスタマイズ
して使いたい場合には，ベースとなる PyTorch についての理解が必要となるため，本節では
PyTorch の基本について紹介します．

　PyTorch は，ニューラルネットワークのモデルを開発するためのオープンソースの Python
のライブラリです．2016 年に公開され，Meta 社のエンジニアを中心に開発が進められてい
ます．簡潔かつ Python らしいコードでニューラルネットワークのモデルを記述できることか
ら，急速に支持が広がっており，特に自然言語処理のニューラルネットワークのモデルの開発
においては，Google 社の開発する TensorFlow と並んで，標準的に用いられるライブラリの
一つになっています．

2.5.1　テンソルの作成と操作

　それでは，PyTorch の基本的な使い方を解説していきます．まず，PyTorch において最初
に理解すべき重要な概念は，テンソル (`torch.Tensor`) です．テンソルとは，任意の次元の配
列（多次元配列）を扱うためのデータ構造です．具体的には，0 次元のテンソルは，数値（ス
カラー値），1 次元のテンソルはベクトル，2 次元のテンソルは行列に対応します．NumPy[1]
をご存知の方は，`numpy.ndarray` に対応するデータ型と考えてください．

　PyTorch のテンソルには，表 2.1 の 9 個の型が用意されています．

表 2.1　PyTorch で使われるテンソル型の一覧

データ型	型名（`dtype`）	クラス名
32 ビット浮動小数点数	`torch.float32` または `torch.float`	`torch.FloatTensor`
64 ビット浮動小数点数	`torch.float64` または `torch.double`	`torch.DoubleTensor`
16 ビット浮動小数点数	`torch.float16` または `torch.half`	`torch.HalfTensor`
8 ビット整数（符号なし）	`torch.uint8`	`torch.ByteTensor`
8 ビット整数（符号あり）	`torch.int8`	`torch.CharTensor`
16 ビット整数（符号あり）	`torch.int16` または `torch.short`	`torch.ShortTensor`
32 ビット整数（符号あり）	`torch.int32` または `torch.int`	`torch.IntTensor`
64 ビット整数（符号あり）	`torch.int64` または `torch.long`	`torch.LongTensor`
真偽値	`torch.bool`	`torch.BoolTensor`

　テンソルは，Python の数値のリストから作成することができます．以下にテンソルを作成
する例を示します．

---

1)　Python で数値計算を行うための標準的なライブラリ：`https://www.numpy.org`

● 浮動小数点数 (float) テンソルの作成

```
import torch
float_tensor = torch.tensor([[0.0, 0.5], [1.0, 1.5]])
print(float_tensor)
```

```
tensor([[ 0.0000,  0.5000],
        [ 1.0000,  1.5000]])
```

```
print(float_tensor.type())
```

```
'torch.FloatTensor'
```

● 整数 (long) テンソルの作成

```
long_tensor = torch.tensor([1, 2, 3, 4])
print(long_tensor)
```

```
tensor([ 1, 2, 3, 4])
```

```
print(long_tensor.type())
```

```
'torch.LongTensor'
```

　ここで，Python のリストに含まれる数値の型を PyTorch が認識し，それに合わせた型の
テンソルが作成されていることに注意してください．また，NumPy の numpy.ndarray から
テンソルに効率的に変換する関数である torch.from_numpy という関数も用意されています．

```
import numpy
arr = numpy.array([1, 2, 3])
print(torch.from_numpy(arr))
```

```
tensor([ 1, 2, 3])
```

　また，PyTorch には，よく使うテンソルを簡単に生成する関数が用意されています．下記
にいくつか例を示します．

● 全ての要素が 0 の 2 次元整数テンソルを作成

```
zero_tensor = torch.zeros(2, 2, dtype=torch.long)
print(zero_tensor)
```

```
tensor([[ 0, 0],
        [ 0, 0]])
```

```
print(zero_tensor.type())
```

```
'torch.LongTensor'
```

ここで，torch.zeros の第 1，第 2 引数には，それぞれ 1 次元目，2 次元目の要素数を指定しています．同様の方法で，任意の次元に含まれる要素を指定できます．また，テンソルを作成するメソッドでは，dtype 引数に型名を入力することで，作成するテンソルの型を指定できます．

● 全ての要素が 1 の 3 次元浮動小数点数テンソルを作成

```
one_tensor = torch.ones(2, 2, 2)
print(one_tensor)
```

```
tensor([[[ 1., 1.],
         [ 1., 1.]],

        [[ 1., 1.],
         [ 1., 1.]]])
```

```
print(one_tensor.type())
```

```
'torch.FloatTensor'
```

ここでは，dtype を指定しなかったため，デフォルトである浮動小数点数テンソルが作成されました．

● ランダムな値からテンソルを作成

```
print(torch.randn(4))
```

```
tensor([ 0.1949, 1.1715, 0.4418, 0.4849])
```

```
print(torch.rand(2, 2))
```

```
tensor([[ 0.0150, 0.2796],
        [ 0.4145, 0.2310]])
```

torch.randn は標準正規分布（平均 $\mu = 0$，分散 $\sigma^2 = 1$）から，torch.rand は 0 以上 1 未満の区間の一様分布から，それぞれ値をサンプリングして，テンソルを生成します．

● テンソルの型とその変換

テンソルの型を変換したい場合は，変換を行いたいテンソルに対して，型名に対応するメソッドを呼び出します．例えば，浮動小数点数に変換したい場合は float，整数に変換したい場合は long を呼び出します．

```
tensor = torch.FloatTensor([[1, 2, 3], [4, 5, 6]])
print(tensor.type())
```

```
'torch.FloatTensor'
```

```
tensor = tensor.long()
print(tensor.type())
```

```
'torch.LongTensor'
```

```
tensor = tensor.float()
print(tensor.type())
```

```
'torch.FloatTensor'
```

● テンソルの形状の変換

テンソルは，含まれる要素数が同じであれば，view メソッドを用いて，自由に形状を変更できます．また，transpose メソッドを用いると，次元を入れ替えることが可能です．下記の例では，4 つの要素を持つ 1 次元ベクトルを，2 × 2 の行列に変換し，0 次元と 1 次元を入れ替えています．

```
tensor = torch.FloatTensor([1, 2, 3, 4])
tensor = tensor.view(2, 2)
print(tensor)
```

```
tensor([[ 1., 2.],
        [ 3., 4.]])
```

```
tensor = tensor.transpose(0, 1)
print(tensor)
```

```
tensor([[ 1., 3.],
        [ 2., 4.]])
```

● テンソルのインデックス指定，スライス，連結

　Python の配列や NumPy の **ndarray** と同様に，テンソルはインデックスの指定による要素の参照や，スライス操作をサポートしています．下記にいくつかの例を示します．

```
tensor = torch.FloatTensor([[1, 2, 3], [4, 5, 6]])
print(tensor[0])
```

```
tensor([ 1., 2., 3.])
```

```
print(tensor[1, 1])
```

```
tensor(5.)
```

```
print(tensor[0, 1:3])
```

```
tensor([ 2., 3.])
```

```
print(tensor[:, 0:2])
```

```
tensor([[ 1., 2.],
        [ 4., 5.]])
```

　tensor[:, 0:2] の「**:**」は，その次元の全ての範囲を表します．また，**torch.cat** を使うとテンソルを任意の次元で連結できます．また，**dim** 引数を使用し，連結を行う次元を指定することが可能です．

```
print(torch.cat([tensor, tensor]))
```

```
tensor([[1., 2., 3.],
        [4., 5., 6.],
        [1., 2., 3.],
        [4., 5., 6.]])
```

```
print(torch.cat([tensor, tensor], dim=1))
```

```
tensor([[1., 2., 3., 1., 2., 3.],
        [4., 5., 6., 4., 5., 6.]])
```

2.5.2 テンソルを用いた演算

　様々な演算をテンソルの各要素単位で行うことが可能です．下記の例では，`torch.add`，`torch.mul` を用いて，加減乗除を含む演算を行っています．また，これらは，それぞれ`+`，`*` のオペレータを用いて演算することもできます．

```
tensor1 = torch.FloatTensor([1, 2, 3])
tensor2 = torch.FloatTensor([4, 5, 6])
print(torch.add(tensor1, tensor2))
```

```
tensor([5., 7., 9.])
```

```
print(tensor1 + tensor2)
```

```
tensor([5., 7., 9.])
```

```
print(torch.mul(tensor1, tensor2))
```

```
tensor([ 4., 10., 18.])
```

```
print(tensor1 * tensor2)
```

```
tensor([ 4., 10., 18.])
```

　また，`torch.matmul` は，入力されたテンソルが 1 次元の場合には，ベクトルの内積，2 次元の場合には，行列の積を計算します．

```
tensor1 = torch.FloatTensor([1, 2, 3, 4])
tensor2 = torch.FloatTensor([5, 6, 7, 8])
print(torch.matmul(tensor1, tensor2))
```

```
tensor(70.)
```

```
print(torch.matmul(tensor1.view(2, 2), tensor2.view(2, 2)))
```

```
tensor([[19., 22.],
        [43., 50.]])
```

2.5.3 計算グラフと自動微分

PyTorch では，テンソルに行われた全ての操作を記録し，計算グラフを構築します．自動微分は，誤差逆伝播法と同様の手続きによって，各テンソルの勾配を計算する機能です．これは，計算グラフを出力から入力へ遡って偏微分を計算していくことによって実現されます．図 2.9 の計算グラフ $y = wx + b$ を例として，PyTorch で自動微分を計算してみましょう．

```
x = torch.tensor(3, requires_grad=True)
w = torch.tensor(1, requires_grad=True)
b = torch.tensor(2, requires_grad=True)
y = w * x + b
y.backward()
print(x.grad)
```

```
tensor(1)
```

```
print(w.grad)
```

```
tensor(3)
```

```
print(b.grad)
```

```
tensor(1)
```

PyTorch は，requires_grad 引数に True を指定することで，自動微分を有効化したテンソルを作成できます．上のコードでは，1 行目から 3 行目でテンソルを作成，4 行目で計算グラフを構築し，5 行目で y に対して backward を呼ぶことで，x，w，b のそれぞれのテンソル

に対して，勾配を計算しています．この結果，各テンソルの grad プロパティに勾配の値が格納されます．$\partial y/\partial x = w = 1$，$\partial y/\partial w = x = 3$，$\partial y/\partial b = 1$ から，各勾配の値が正しく計算されていることがわかります．

　ニューラルネットワークでは，各テンソルの勾配を用いて損失関数の値を最小化するようにテンソルの値を更新していくことで学習が行われます．また，後述するように，PyTorch では，損失関数が出力したテンソルに対して backward メソッドを呼ぶことで，モデルに含まれるパラメータに対して勾配を計算し，計算した勾配をもとにパラメータを更新することで学習を行います．

　実際のニューラルネットワークのモデルは，上述の例よりもはるかに複雑ですが，PyTorch の内部では，計算グラフが自動的に構築されていることを頭に留めておいてください．

2.5.4　GPU の使用

　PyTorch では，テンソルを用いた演算を簡単に GPU を使って行うことが可能です．GPU は並列計算が得意な演算装置で，ニューラルネットワークに頻出する行列計算を CPU よりも高速に行うことができるため，ニューラルネットワークの学習や推論に広く用いられています．GPU でテンソルを用いた演算を行うには，まずテンソルを GPU のメモリ上にコピーする必要があります．これには，to メソッドを用います．

```python
tensor = torch.tensor([1, 2, 3])
print(tensor)
```

```
tensor([1, 2, 3])
```

```python
print(tensor.to('cuda'))     # テンソルを GPU のメモリへコピー
```

```
tensor([1, 2, 3], device='cuda:0')
```

　また，テンソルの演算は，必ず同じデバイス（CPU もしくは同一の GPU）のメモリ上で行う必要があります．もし，異なるデバイスのメモリにあるテンソル同士を演算すると，下記のように RuntimeError が発生します．

```python
cpu_tensor = torch.ones(2)
gpu_tensor = torch.zeros(2).to('cuda')
cpu_tensor + gpu_tensor
```

```
Traceback (most recent call last):
  File "<stdin>", line 1, in <module>
RuntimeError: expected type torch.FloatTensor but got torch.cuda.FloatTensor
```

また，本書で詳細は扱いませんが，`.to('cuda:0')` のように GPU 番号を指定することで，GPU が複数あるマシーンにおいて，計算に用いる GPU を指定することが可能です．

ここまでで，PyTorch の基本的な使い方を解説しました．PyTorch は，基本的にはテンソルを扱うライブラリであり，テンソルへの操作を記述していくことで，プログラミングを行います．

また，本節で紹介したように，PyTorch には数多くの低レベルな処理が実装されています．これから紹介する AllenNLP では，煩雑になりがちな PyTorch のプログラミングを楽に行えるようにするために，多数の高レベルな処理が実装されています．

第❸章 │ 文書分類モデルの実装

　本章では，ニューラルネットワークを用いて自然言語処理のモデルを実装するためのライブラリである AllenNLP[1] を用いて，**文書分類** (document classification) のモデルを実装します．文書分類は，自然言語処理において古くからよく解かれているタスクの一つで，任意の文書をあらかじめ定義されたカテゴリ（ラベル）に対して分類します．このタスクには，医療カルテの内容から該当する病名に分類する問題や，第 2 章で紹介したスパム判定の問題など，様々なものが含まれます．

3.1 AllenNLP とは

　AllenNLP は，Allen Institute for Artificial Intelligence という米国の研究機関が開発を行った PyTorch をベースにしたオープンソースのライブラリです．このライブラリは，ニューラルネットワークを用いた自然言語処理のモデルを効率的に開発することに特化して設計されていて，モデルの記述から評価まで，実装の際に必要となる機能があらかじめ提供されています．これらの機能を用いることで，高度なニューラルネットワークのモデルを必要最低限の記述で実装できます．AllenNLP は，2017 年に公開されたライブラリですが，すでに Meta，Amazon，Airbnb などの企業を含む世界中のユーザに使われています．

---

1)　https://allennlp.org/

3.2 自然言語処理のモデルの開発の流れ

AllenNLP での開発について解説を始める前に自然言語処理のモデルを開発する際の一般的な流れを解説しておきます.

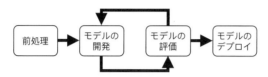

図 **3.1**　自然言語処理のモデルの開発の流れ

図 3.1 に示したように,モデルの開発は**前処理** (preprocessing) から始まります.前処理はモデルに入力する前にデータを扱いやすい形に変換する処理です.例えばデータが HTML の場合に HTML タグやスクリプトを取り除く処理や,文字の全角・半角などの表記を揃える処理などが含まれます.次に,前処理したデータを使ってモデルの開発と評価を行います.このステップで,モデルの開発と性能の評価を交互に行いながら,モデルの性能を改善していきます.そして最後に実際のアプリケーションに開発したモデルをデプロイします.

本書では主に前処理からモデルの評価までを実装する方法について解説します.

3.3 Livedoor ニュースコーパス

本章では,Livedoor ニュースコーパス[2] という日本語のニュース記事を用いた文書分類のデータセットを用いて解説します.このデータセットは,Livedoor ニュースというウェブニュースサイトから収集されたニュース記事を 9 種類のラベル(表 3.1 参照)に分類する日本語のデータセットです.ラベルは,それぞれニュース記事を取得したサービスの名称に対応しています.

例えば,Livedoor ニュースの「IT ライフハック」から収集されたニュース記事に対しては,「it-life-hack」というラベルが付与されます.本章では,これらの 9 個のサービス名をラベルとして用いて,記事が与えられた際に,その記事を最も適したラベルに分類するモデルを作成します.

---

2)　https://www.rondhuit.com/download.html#ldcc

表 3.1 Livedoor ニュースのラベル一覧

ラベル	サービス名称	サービス概要
dokujo-tsushin	独女通信	独身女性向けの記事
it-life-hack	IT ライフハック	IT やライフハックに関する記事
kaden-channel	家電チャンネル	家電に関する記事
livedoor-homme	livedoor HOMME	男性のライフスタイルに関する記事
movie-enter	MOVIE ENTER	映画に関する記事
peachy	Peachy	女性向けのニュース記事
smax	エスマックス	モバイル関連の記事
sports-watch	Sports Watch	スポーツに関する記事
topic-news	トピックニュース	話題のトピックに関する記事

3.4　AllenNLP でモデルを実装する 2 つの方法

　AllenNLP では，モデルの実装を行う方法として，Python を使う方法と Jsonnet という JSON 形式を拡張した形式で設定ファイルを書く方法の 2 つの方法が用意されています．Python を用いる場合は，AllenNLP をライブラリとして用いて，データセットの読み込みからモデルの実装まで必要な処理を全て Python で記述します．Jsonnet 形式の設定ファイルを用いる場合は，Python のコードではなく設定ファイルを書くことでモデルの実装を行います．Python による実装の方が柔軟に記述できますが，よく使われている自然言語処理のモデルのほとんどは Jsonnet の設定ファイルのみで記述することが可能です．設定ファイルでモデルを記述すると，限定された項目のみを使ってモデルを記述する必要があるため，バグが混入しにくく開発にかかる手間を大幅に削減することができます．また，設定ファイルは可読性が高く，開発が終わった後のメンテナンスも容易になります．

　設定ファイルの記述に使われる Jsonnet は様々な機能を JSON に追加したテンプレート言語です．Jsonnet は JSON の上位互換になっているため，全ての JSON ファイルは Jsonnet ファイルとして扱えます．本書を読むにあたっては Jsonnet の知識は必要ありませんが，詳しく知りたい方は Jsonnet のホームページ[3] を参照してください．

　本章では，最初に Python を使ったモデルの実装の方法について解説します．AllenNLP では，挙動を詳しく理解しておく必要のある重要なコンポーネントがいくつかあります．そこで，まずそれらのコンポーネントについて Python のコードを動かしながら説明します．その後，Python で記述したモデルと同様のものを Jsonnet の設定ファイルで記述する方法を解説します．とりあえず AllenNLP を用いて自然言語処理のモデルを動かしてみたい方は，3.7 節

---

3)　https://jsonnet.org/

までの解説は流し読みしつつ進めてみてください.

3.5 開発を始める前の準備

3.5.1 環境のセットアップ

まず本章での開発に必要なライブラリをインストールしましょう. AllenNLP と, 日本語の形態素解析を行う標準的なツールである MeCab[4] の Python バインディングである**fugashi**[5]をインストールします. また, MeCab で形態素解析を行うためには辞書が必要になります. ここでは標準的に使われている国立国語研究所の開発した UniDic[6] を用います.

```
# AllenNLP をインストール
!pip install allennlp==2.9.2
# fugashi を UniDic の依存ライブラリを含めてインストール
!pip install fugashi[unidic]
# UniDic の辞書ファイルをダウンロード
!python -m unidic download
```

3.5.2 データセットのセットアップ

ではデータセットを入手しましょう. データセットを格納する **data/livedoor_news** ディレクトリを作成し, データセットを展開します.

```
# データセットの出力ディレクトリを作成
!mkdir -p data/livedoor_news
# データセットをダウンロード
!wget -q -O data/livedoor_news/ldcc-20140209.tar.gz \
    https://www.rondhuit.com/download/ldcc-20140209.tar.gz
# データセットを解凍し, data/livedoor_news に展開
!tar xzf data/livedoor_news/ldcc-20140209.tar.gz -C data/livedoor_news
```

上記のコマンドによって, **data/livedoor_news/text** というディレクトリにデータセットが出力されます.

次に, 下記の Python スクリプトを用いて Livedoor コーパスを後述する AllenNLP の**TextClassificationJsonReader** で読み込める行区切り JSON 形式に変換します. 下記のコ

---

4) https://taku910.github.io/mecab/
5) C++言語で書かれた MeCab を Python から使うためのライブラリ
6) https://unidic.ninjal.ac.jp/

ードはデータセットを読み込んで 8 : 1 : 1 の割合でそれぞれ訓練用，検証用，テスト用に分割
し，行区切り JSON 形式で保存します．

```python
import glob
import json
import os
import random

# 9 個のラベルのリスト
labels = ["dokujo-tsushin", "it-life-hack", "kaden-channel", "livedoor-homme",
          "movie-enter", "peachy", "smax", "sports-watch", "topic-news"]
data = []

# データセットをファイルから読み込む
for label in labels:
    dir_path = os.path.join("data/livedoor_news/text", label)
    for file_path in sorted(glob.glob(os.path.join(dir_path, "*.txt"))):
        with open(file_path) as f:
            text = f.read()
            # メタデータを削除し，記事部分のみを用いる
            text = "".join(text.split("\n")[2:])
        data.append(dict(text=text, label=label))

# データセットをランダムに並べ替える
random.seed(1)
random.shuffle(data)

# データセットの 80%を訓練データ，10%を検証データ，10%をテストデータとして用いる
split_data = {}
eval_size = int(len(data) * 0.1)
split_data["test"] = data[:eval_size]
split_data["validation"] = data[eval_size:eval_size * 2]
split_data["train"] = data[eval_size * 2:]

# 行区切り JSON 形式でデータセットを書き込む
for fold in ("train", "validation", "test"):
    out_file = os.path.join("data/livedoor_news",
                            "livedoor_news_{}.jsonl".format(fold))
    with open(out_file, mode="w") as f:
        for item in split_data[fold]:
            json.dump(item, f, ensure_ascii=False)
            f.write("\n")
```

下記の 3 個のファイルが data/livedoor_news に生成されます.

- 訓練データセット: livedoor_news_train.jsonl
- 検証データセット: livedoor_news_validation.jsonl
- テストデータセット: livedoor_news_test.jsonl

3.6 Python コードによるモデルの開発

3.6.1 乱数シードの指定

ニューラルネットワークのモデルの訓練時には,モデルに含まれるパラメータの初期化やデータセットの読み込み順序の制御に乱数を用います.乱数シードを指定しておくと,乱数生成器から同じ乱数の系列が生成されるため,何度実行しても同じ訓練結果が得られます.ここでは Python の random パッケージと PyTorch の双方に乱数シードを設定します.

```
import torch
random.seed(2)
torch.manual_seed(2)
```

3.6.2 トークナイザの実装

AllenNLP を用いてテキストを扱うには,テキストを単語や文字などの細かい単位に分割する必要があります.この処理を行うのが**トークナイザ**です.MeCab を用いて日本語の単語分割を行うコードを記述してみましょう.

AllenNLP で新しい単語分割の機能を実装するには,新しいクラスを allennlp.data.tokenizers.tokenizer.Tokenizer の子クラスとして定義し,tokenize メソッドの中に単語分割を行う実装を記述します.ここで tokenize メソッドは,allennlp.data.tokenizers.token_class.Token のインスタンスのリストを返す必要があります.

MecabTokenizer を定義します.コンストラクタで fugashi の Tagger インスタンスを作成し,tokenize メソッドで単語分割し,それぞれの単語について Token インスタンスを作成します.

```
from allennlp.data.tokenizers.token_class import Token
from allennlp.data.tokenizers.tokenizer import Tokenizer
from fugashi import Tagger
```

```
@Tokenizer.register("mecab")
class MecabTokenizer(Tokenizer):
    def __init__(self):
        # Tagger インスタンスを作成
        self._tagger = Tagger()

    def tokenize(self, text):
        """入力テキストを MeCab を用いて解析する"""
        tokens = []
        # 入力テキストを単語に分割
        for word in self._tagger(text):
            # 単語のテキスト (word.surface) と品詞 (word.feature.pos1) から
            # Token インスタンスを作成
            token = Token(text=word.surface, pos_=word.feature.pos1)
            tokens.append(token)

        return tokens
```

@Tokenizer.register("mecab") と記述することで実装したトークナイザを mecab という名前で AllenNLP に登録します．この名前は Jsonnet 形式の設定ファイルでモデルを実装する際に必要になります．

それでは，実装したトークナイザの動作を確認してみましょう．

```
tokenizer = MecabTokenizer()
tokens = tokenizer.tokenize("私は東京が好きだ")

print(tokens)
```

```
[私, は, 東京, が, 好き, だ]
```

入力したテキストが単語に分割されて出力されました．

3.6.3 データセットリーダの作成

データセットリーダは，ファイルやディレクトリなどからデータセットを読み込むクラスです．データセットは複数のインスタンス (allennlp.data.instance.Instance) で構成されます．また，データセットに含まれる各インスタンスは 1 つ以上のフィールド (allennlp.data.fields.field.Field) を持ちます．AllenNLP には，様々なデータセットを扱えるように，あらかじめ典型的なフィールドが提供されています．本章で扱うフィールドのクラスの一覧を下記に示します．

- **TextField**：テキストを格納するためのフィールド．AllenNLP で最もよく用いられるフィールドです．

- **LabelField**：ラベルを表すためのフィールド．文書分類などのデータセットの各インスタンスに対して，1つの正解ラベル（カテゴリなど）が付与されているデータセットで用いられます．

- **SequenceLabelField**：任意のシーケンス（単語列など）の各要素に対してラベルを定義するためのフィールド．各単語に対して品詞や固有表現などのラベルが付与されているデータセットで用いられます．

また，AllenNLP では様々なデータセットのフォーマットに対応したデータセットリーダが提供されています．新しいデータセットを AllenNLP で扱う際は，公式ドキュメント[7]を参照し，allennlp.data.dataset_readers パッケージの中に使用したいデータセットのフォーマットを扱えるデータセットリーダがすでに実装されていないかを確認しましょう．用意されていなかった場合は，既存のデータセットリーダが対応しているフォーマットにデータセットを変換するか，自分でデータセットリーダを実装する必要があります．

本章では，文書分類データセット向けのデータセットリーダである TextClassification JsonReader を使います．このデータセットリーダは，行区切り JSON 形式のデータセットを読み込んで，分類する文書に対応する TextField と分類先のラベルに対応する LabelField の2つのフィールドを持つインスタンスのイテレータを返します．

それでは，3.5.2 項で作成したデータセットを TextClassificationJsonReader で読み込んでみましょう．ここで，TextClassificationJsonReader の tokenizer 引数に，先ほど実装した MecabTokenizer のインスタンスを指定します．また，3.6.5 項で説明するトークンインデクサとして，SingleIdTokenIndexer を使います．

```python
from allennlp.data.dataset_readers import TextClassificationJsonReader
from allennlp.data.token_indexers import SingleIdTokenIndexer

# データセットリーダの作成
token_indexers = {"tokens": SingleIdTokenIndexer()}
reader = TextClassificationJsonReader(tokenizer=tokenizer,
                                      token_indexers=token_indexers)
# データセットを読み込んでリストに変換
train_dataset = list(reader.read("data/livedoor_news/livedoor_news_train.jsonl"))
validation_dataset = list(reader.read(
                        "data/livedoor_news/livedoor_news_validation.jsonl"))
```

---

7) https://docs.allennlp.org/

　それでは，データセットが正しく読み込めていることを確認してみましょう．データセットに含まれる各インスタンスは tokens (TextField) と label (LabelField) の 2 つのフィールドを持ちます．

```
instance = train_dataset[0]
print(type(instance))
```

```
<class 'allennlp.data.instance.Instance'>
```

```
print(instance.fields)
```

```
{'tokens': <allennlp.data.fields.text_field.TextField object at 0x7f63101d08c0>,
 'label': <allennlp.data.fields.label_field.LabelField object at 0x7f63101d0870>}
```

　tokens フィールドにはトークナイザによる単語分割によって得られた単語列，label フィールドにはラベルが格納されています．

```
print(instance.fields["tokens"][:20])
```

```
[【, オトナ, 女子, 映画, 部, 】, あの, 時, こう, し, て, いれ, ば, …,
 ", 優柔, 不断, 女子, ", に]
```

```
print(instance.fields["label"].label)
```

```
dokujo-tsushin
```

3.6.4　データローダの作成

　データセットをモデルに入力する際には，データセットに含まれるインスタンスをミニバッチに分割してから入力します．データローダは，データセットに含まれるインスタンスを指定したサイズにまとめてミニバッチを出力するコンポーネントです．

　それでは，読み込んだデータセット (train_dataset, validation_dataset) を使ってデータローダを作成してみましょう．ここでは最も単純なデータローダの実装である SimpleDataLoader を使います．

　SimpleDataLoader クラスは，コンストラクタの引数としてミニバッチのサイズ (batch_size) を受け取ります．ここでは，ミニバッチのサイズを 32 に設定します．また，訓練データセットのデータローダのみ shuffle=True とすることでデータセット中のインスタンスをランダムに並び替えてからミニバッチを作成するように設定します．訓練時にインスタンスを

ランダムに並び替えてからミニバッチを生成することで，データセットを反復する度にミニバッチに含まれるインスタンスの構成が変化するため，学習の安定性が増す効果があります．

```
from allennlp.data.data_loaders import SimpleDataLoader
train_loader = SimpleDataLoader(train_dataset, batch_size=32, shuffle=True)
validation_loader = SimpleDataLoader(validation_dataset, batch_size=32,
                                     shuffle=False)
```

3.6.5 語彙とトークンインデクサ

ニューラルネットワークで自然言語処理のモデルを実装する際，データセットに含まれる文字列などの値は扱いやすい整数値の ID に変換してからモデルに入力するのが一般的です．AllenNLP でこの処理を担うコンポーネントが**語彙**と**トークンインデクサ**です．語彙は，データセット中に含まれる値（単語やラベルなど）に対して固有の ID を結びつける，値から ID へのマッピングを保持した辞書で，トークンインデクサは `TextField` に含まれる単語列を ID に変換するためのコンポーネントです．

まず，トークンインデクサから見ていきましょう．AllenNLP では `TextField` 以外の全てのフィールドの値は語彙を直接用いて ID への変換を行いますが，`TextField` に含まれる値（単語列）についてはトークンインデクサと語彙の 2 つを用いて ID への変換を行います．ここで `TextField` で語彙に加えてトークンインデクサを用いるのは，下記のような場合に対応するためです．

● 単語列を ID に変換する前に処理を適用したい場合（例：各単語を文字単位に分割する）
● 1 つの単語列から複数の入力を作成したい場合（例：単語列から単語単位の入力と文字単位の入力を作成する）

AllenNLP には単語列をそのまま用いる `SingleIdTokenIndexer` の他に，単語を文字に分割してから用いる `TokenCharactersIndexer` など，用途に応じた複数のトークンインデクサが用意されています．

さて，3.6.3 項でトークンインデクサを下記のように定義しました．

```
token_indexers = {"tokens": SingleIdTokenIndexer()}
```

AllenNLP では，キーに名前，値にトークンインデクサのインスタンスを指定した dict 形式[8]でトークンインデクサを指定することで，1 つの `TextField` に対して，複数のトークンインデクサを紐付けられるようになっています．今回のモデルでは，単語列をそのまま単語 ID 列に変換する `SingleIdTokenIndexer` を使用します．

8）　キーと値の組をハッシュテーブルを使って格納する Python のデータ型

次に，語彙の生成は Vocabulary クラスの `from_instances` メソッドを用いてデータセットから直接行います．前項で作成したデータローダの `iter_instances` メソッドを使うと，データセットに含まれる全てのインスタンスを取得できます．

```
from allennlp.data.vocabulary import Vocabulary
vocab = Vocabulary.from_instances(train_loader.iter_instances())
```

`from_instances` メソッドは TextField に紐付けられたトークンインデクサの出力した値と TextField 以外のフィールドに含まれる値を参照して，それぞれの値に対して異なる ID を結びつけることで語彙を生成します．

上述したように，今回の例で用いる TextClassificationJsonReader は TextField と LabelField の 2 つのフィールドを持つインスタンスを生成します．このため，vocab には，TextField のトークンインデクサに対応した語彙と LabelField に対応した語彙の 2 つの異なる語彙が含まれており，それぞれ tokens と labels という名前に紐付けられています．

Vocabulary クラスの `get_token_index` メソッドを用いて，語彙が正しく生成されているかを確認してみましょう．このメソッドは namespace 引数に名前を指定することで参照する語彙を選択できます．

```
print(vocab.get_token_index("東京", namespace="tokens"))
```

```
226
```

```
print(vocab.get_token_index("dokujo-tsushin", namespace="labels"))
```

```
5
```

TextField に対応する語彙では，単語「東京」に 226，LabelField に対応する語彙では，ラベル名「dokujo-tsushin」に 5 の ID が割り当てられたことがわかります．

最後にデータローダがミニバッチを作成する際，この語彙を使うように設定します．

```
train_loader.index_with(vocab)
validation_loader.index_with(vocab)
```

3.6.6　ミニバッチの生成

Python の next 関数を用いてデータローダからミニバッチを取り出してみましょう．出力されるミニバッチは dict 型のオブジェクトで，tokens および label の各フィールドに対応するデータが格納されています．

```
batch = next(iter(validation_loader))
print(type(batch))
```

```
<class 'dict'>
```

```
print(batch.keys())
```

```
dict_keys(['tokens', 'label'])
```

batch["tokens"] は,dict 型のオブジェクトで行がインスタンス,列が単語の ID に対応するテンソルを値として含んでおり,batch["label"] は 1 次元のテンソルで順にインスタンスに対応するラベルの ID を含んでいます.

```
print(batch["tokens"])
```

```
{'tokens': {'tokens': tensor([[  99,    9, 6380,  ...,    0,    0,    0],
        [ 233,  296,  434,  ...,    0,    0,    0],
        [ 498, 1545,    2,  ...,    0,    0,    0],
        ...,
        [ 217,  303,    7,  ...,    0,    0,    0],
        [2068, 1567,  734,  ...,    0,    0,    0],
        [1508,   60,    2,  ...,    0,    0,    0]])}}
```

```
print(batch["label"])
```

```
tensor([3, 5, 1, 5, 0, 8, 5, 3, 4, 3, 4, 3, 8, 2, 7, 3, 6, 4, 8, 6, 0, 8, 3, 4,
        4, 2, 5, 5, 0, 4, 2, 6])
```

また,単語の ID に対応するテンソルの各行の後半の値が複数の 0 で埋められています.これは,インスタンスごとに長さが異なる単語列を同一のテンソルに格納するために,最も長い単語列の長さに合わせてテンソルが作成されて,短い単語列の余った部分が 0 で埋められたためです.このように入力を 0 などの特別な値で拡張することをパディング (padding) と呼びます.

最後に Vocabulary クラスの get_token_from_index メソッドを使って,ID から元の値を復元してみましょう.

```
words = [vocab.get_token_from_index(int(i), namespace="tokens")
    for i in batch["tokens"]["tokens"]["tokens"][0]]
print(words[:10])
```

```
['これ', 'は', '気づか', 'なかっ', 'た', '!', '古い', 'ノート', 'PC', 'が']
```

```
label = vocab.get_token_from_index(int(batch["label"][0]), namespace="labels")
print(label)
```

```
it-life-hack
```

単語列およびラベルが正しく ID に変換されて出力されていることがわかります.

3.6.7   bag-of-embeddings モデル

それでは,Livedoor ニュースコーパスを用いた文書分類のモデルを実装してみましょう.文書分類において最も単純かつよく使われているモデルの一つに **bag-of-embeddings** モデル（**単語エンベディング袋詰めモデル**）[6] があります.図 **3.2** に,「新しい洗濯機がほしい」という文にこのモデルを適用した例を示します.

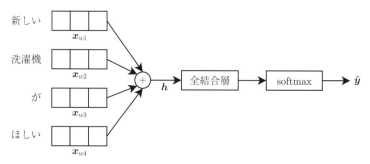

図 **3.2**   bag-of-embeddings モデルの概要

このモデルは以下の 3 つのステップで構成されます.

1. **単語エンベディングの作成**

    語彙中に含まれる単語 w に対して 1 つの D 次元の単語エンベディング $\boldsymbol{x}_w \in \mathbb{R}^D$ を割り当てます.

2. **文書のベクトルの作成**

    分類対象の文書に対応するベクトルを,文書に含まれる全ての単語の単語エンベディングをベクトルの各要素単位で加算した値として計算します.この例では,文書はニュース記事に対応します.

    単語列 $w_1, w_2, ..., w_K$ の K 個の単語で構成される文書が与えられたとき,文書のベクトル $\boldsymbol{h} \in \mathbb{R}^D$ は以下の式で計算されます.

$$h = \sum_{i=1}^{K} \boldsymbol{x}_{w_i}$$

3. 文書の分類

分類先のラベル数を L とします．ここで，Livedoor ニュースコーパスには 9 個のラベルがあるため $L = 9$ です．文書のベクトル $\boldsymbol{h}$ を全結合層に入力し L 次元に変換した後，softmax 関数を適用して分類を行います．

$$\hat{\boldsymbol{y}} = \mathrm{softmax}(\boldsymbol{W}\boldsymbol{h} + \boldsymbol{b}) \tag{3.1}$$

ここで，$\boldsymbol{W} \in \mathbb{R}^{L \times D}$，$\boldsymbol{b} \in \mathbb{R}^{L}$ は全結合層のパラメータです．また，$\hat{\boldsymbol{y}} \in \mathbb{R}^{L}$ は，各要素がラベルに対応した L 次元のベクトルで，それぞれの要素には入力文書が該当するラベルである確率が格納されます．この確率が最も高いラベルが分類の結果となります．また，損失関数には交差エントロピー損失関数を用います．

3.6.8　単語エンベディングの作成

では，モデルの実装を行っていきましょう．まず，語彙に含まれる全ての単語に対して，$D = 100$ 次元の単語エンベディング（$\boldsymbol{x}_w \in \mathbb{R}^{100}$）を作成します．単語エンベディングの作成は Embedding クラスを使って行います．このクラスのコンストラクタには，引数として単語エンベディングの数（num_embeddings）と単語エンベディングの次元数（embedding_dim）を指定します．単語エンベディングの数は語彙に含まれる単語数と同じであるため，語彙に含まれる単語数を Vocabulary クラスの get_vocab_size メソッドを使って取得します．

```
from allennlp.modules.token_embedders import Embedding
embedding = Embedding(num_embeddings=vocab.get_vocab_size(), embedding_dim=100)
```

作成される embedding は [語彙に含まれる単語数，単語エンベディングの次元数]（[64557, 100]）の行列になっています．

```
print(embedding.weight.size())
```

```
torch.Size([64557, 100])
```

この行列の行番号は単語の ID に対応していて，各単語のエンベディングはこの行列の ID 行目に格納されます．

Embedding クラスは，単語や文字などのトークンを該当するエンベディングに変換して出

力する**トークンエンベダ**の実装の一つになっていて `allennlp.modules.token_embedders` パッケージの中で定義されています．今回のモデルでは，語彙に含まれる各単語に対して1つのエンベディングを割り当てていますが，トークンインデクサで単語を文字単位に分割し，文字のエンベディングを使って単語のエンベディングを計算する方法や，第6章で説明する BERT を用いる方法など，単語の ID からエンベディングを得る方法は複数考えられます．このため，AllenNLP では ID をエンベディングに変換する処理をトークンエンベダとして抽象化しています．また `Embedding` クラスは各 ID に対して該当する単語エンベディングを出力する最も単純なトークンエンベダの実装になっています．

次に `BasicTextFieldEmbedder` は，`TextField` に紐付けられたトークンインデクサとトークンエンベダをつなげて用いるための**テキストフィールドエンベダ**のクラスです．このクラスは，トークンインデクサが出力する単語 ID 列をトークンエンベダを用いてエンベディングの列に変換して出力します．`BasicTextFieldEmbedder` のインスタンスは，トークンインデクサの名前 (`tokens`) をキー，トークンエンベダを値とした `dict` を引数として作成します．

```
from allennlp.modules.text_field_embedders import BasicTextFieldEmbedder
text_embedder = BasicTextFieldEmbedder({"tokens": embedding})
```

作成したインスタンスにミニバッチに含まれる単語 ID 列を入力してみましょう．

```
token_vectors = text_embedder(batch["tokens"])
print(token_vectors.size())
```

```
torch.Size([32, 6206, 100])
```

ミニバッチに含まれるインスタンスごとに，単語 ID が単語エンベディングに変換され，[ミニバッチのサイズ，単語列の長さ，単語エンベディングの次元]([32, 6206, 100]) で構成されるテンソルが出力されました．なお，上述したパディング処理が行われるため，ここでの単語列の長さは，ミニバッチの中で最も単語数の多いインスタンスに対応します．

3.6.9 文書のベクトルの作成

次に単語エンベディング ($\boldsymbol{x}_{w_1}, ..., \boldsymbol{x}_{w_K}$) から，文書を表すベクトル ($\boldsymbol{h}$) を計算する処理を実装します．`BagOfEmbeddingsEncoder` は bag-of-embeddings モデルを実装したクラスで，エンベディングの列を受け取ってそれらを全て要素単位で加算することで1つのベクトルを出力します．このクラスは，`embedding_dim` 引数として単語エンベディングの次元数 (D) を受け取ります．

```
from allennlp.modules.seq2vec_encoders import BagOfEmbeddingsEncoder
encoder = BagOfEmbeddingsEncoder(embedding_dim=100)
```

前項で計算した単語エンベディング列 (token_vectors) を入力してみましょう.

```
text_vector = encoder(token_vectors)
print(text_vector.size())
```

```
torch.Size([32, 100])
```

単語エンベディングが加算されて, [ミニバッチのサイズ, 単語エンベディングの次元] ([32, 100]) の行列が出力されました.

BagOfEmbeddingsEncoder はエンベディングの列 (sequence) を受け取って, それを1つのベクトル (vector) に変換する **seq2vec** エンコーダの実装の一つになっていて, allennlp.modules.seq2vec_encoders パッケージの中で定義されています. seq2vec エンコーダには BagOfEmbeddingsEncoder の他にも第4章で説明する畳み込みニューラルネットワークなどのエンベディングの列を1つのベクトルに変換する実装が含まれています.

3.6.10 分類器の作成

文書の分類を行うモデルを BasicClassifier を用いて実装します. BasicClassifier は, 引数として語彙 (vocab), テキストフィールドエンベダ (text_field_embedder), seq2vec エンコーダ (seq2vec_encoder) を受け取ります. それぞれ上で作成した vocab, text_embedder, encoder を指定します.

```
from allennlp.models import BasicClassifier
model = BasicClassifier(vocab=vocab, text_field_embedder=text_embedder,
                        seq2vec_encoder=encoder)
```

BasicClassifier は, まず指定したテキストフィールドエンベダと sec2vec エンコーダを用いて入力文書のベクトル (h) を計算します. そして全結合層にこのベクトルを入力して, 最後に softmax 関数を適用することで, 分類を行います. また, 損失は交差エントロピー損失関数を用いて計算されます.

BasicClassifier は, 分類を行うモデルを実装したクラスとして, 様々なニューラルネットワークのモデルが定義されている allennlp.models パッケージの中に含まれています.

3.6.11 最適化器の作成

ここからはモデルを訓練するためのコードを実装していきます. まず, 最適化器を作成しま

す．最適化器は，モデルに含まれる各パラメータの勾配を用いて損失関数を最小化するようにパラメータを更新するコンポーネントです．ここでは確率的勾配降下法を改善した最適化アルゴリズムで，最もよく使われている最適化器の一つである **Adam 最適化器** (AdamOptimizer) を用います．AllenNLP で定義したものを含む全ての PyTorch のモデルは，named_parameters メソッドを呼ぶことでモデルに含まれる全てのパラメータのリストを名前付きで取得できます．このメソッドを用いて取得したパラメータのリストを最適化器に渡します．

```python
from allennlp.training.optimizers import AdamOptimizer
optimizer = AdamOptimizer(model.named_parameters())
```

3.6.12 トレイナの作成

モデルの訓練を実行するクラスである**勾配降下法トレイナ** (GradientDescentTrainer) を作成しましょう．このクラスは，モデル (model)，最適化器 (optimizer)，イテレータ (iterator)，訓練データセットのデータローダ (train_loader)，検証データセットのデータローダ (validation_dataloader) を受け取ります．num_epochs=10 と指定することで訓練データセットを最大で 10 回周回して訓練するように指定します．ここで**エポック** (epoch) は訓練データセットを 1 回周回することを表します．また patience=3 と指定することで**早期終了** (early stopping) を有効化します．具体的には，訓練データセットの各エポック終了時に検証データセットで損失を計算し，損失が 3 エポック連続して下がっていなかった場合に訓練を終了します．

```python
from allennlp.training import GradientDescentTrainer
trainer = GradientDescentTrainer(
    model=model,
    optimizer=optimizer,
    data_loader=train_loader,
    validation_data_loader=validation_loader,
    num_epochs=10,
    patience=3
)
```

3.6.13 モデルの訓練

最後にトレイナの train メソッドを呼んで訓練を実行します．train メソッドは訓練時に取得したいくつかの指標を dict 形式で返します．

```
metrics = trainer.train()
print(metrics)
```

```
{
    'best_epoch': 2,
    'peak_worker_0_memory_MB': 3755.609375,
    'training_duration': '0:02:46.292698',
    'epoch': 5,
    'training_accuracy': 0.9996611318197222,
    'training_loss': 0.002606542245838854,
    'training_worker_0_memory_MB': 3755.609375,
    'validation_accuracy': 0.9511533242876526,
    'validation_loss': 0.22110776213473096,
    'best_validation_accuracy': 0.9511533242876526,
    'best_validation_loss': 0.20935571915470064
}
```

これらの指標については3.7.2項で解説します.

3.7 設定ファイルによるモデルの開発

3.4節で，AllenNLPではモデルの実装をPythonのコードとJsonnet形式の設定ファイルの2つの方法で行えることを説明しました．本節では，ここまで解説してきたPythonのコードによるモデルと同じモデルを設定ファイルで記述する方法を解説します．

3.7.1 設定ファイルの作成

設定ファイルには，下記の内容を含める必要があります[9].

- 入力するデータセットのパス
- データセットリーダの設定
- データローダの設定
- 語彙の設定
- モデルの設定
- トレイナの設定

---

9) 設定ファイルの詳細な仕様についてはAllenNLPの公式ドキュメント (https://docs.allennlp.org) を参照してください.

まず本節で解説する設定ファイルを下記に示します.

```
                                                    livedoor_news.jsonnet
{
    "random_seed": 2,
    "pytorch_seed": 2,
    "train_data_path": "data/livedoor_news/livedoor_news_train.jsonl",
    "validation_data_path": "data/livedoor_news/livedoor_news_validation.jsonl",
    "dataset_reader": {
        "type": "text_classification_json",
        "tokenizer": {
            "type": "mecab"
        },
        "token_indexers": {
            "tokens": {
                "type": "single_id"
            }
        }
    },
    "data_loader": {
        "type": "simple",
        "batch_size": 32,
        "shuffle": true
    },
    "validation_data_loader": {
        "type": "simple",
        "batch_size": 32,
        "shuffle": false
    },
    "vocabulary": {},
    "datasets_for_vocab_creation": ["train"],
    "model": {
        "type": "basic_classifier",
        "text_field_embedder": {
            "token_embedders": {
                "tokens": {
                    "type": "embedding",
                    "embedding_dim": 100
                }
            }
        },
        "seq2vec_encoder": {
            "type": "bag_of_embeddings",
            "embedding_dim": 100
```

```
        }
    },
    "trainer": {
        "optimizer": {
            "type": "adam"
        },
        "num_epochs": 10,
        "patience": 3,
        "callbacks": [
            {
                "type": "tensorboard"
            }
        ]
    }
}
```

　それではこのファイルの内容を順に解説していきます．また下記の内容は，前節で実装した Python コードと対応していますので，必要に応じて比較しながら読んでみてください．

　まず乱数のシードを指定します．

```
"random_seed": 2,
"pytorch_seed": 2,
```

　訓練データセットのパス (**train_data_path**) および検証データセットのパス (**validation_ data_path**) を指定します．

```
"train_data_path": "data/livedoor_news/livedoor_news_train.jsonl",
"validation_data_path": "data/livedoor_news/livedoor_news_validation.jsonl",
```

　次はデータセットリーダの設定を行います．説明に入る前に，AllenNLP の設定ファイルの書き方のルールを 1 つ説明します．3.6.3 項でデータセットリーダは **TextClassification JsonReader** クラスを使って作成しました．AllenNLP の設定ファイルでクラスに関する設定を記述する際は，クラスの名前を **type** 属性で指定し，そのクラスへの引数をその他の属性で指定します．ここでクラスの名前には該当するクラスの AllenNLP 上での登録名を指定します．なお，AllenNLP に実装されているクラスの登録名はドキュメントに図 **3.3** の青点線内のように記載されています．簡潔に記述するため，これ以降にクラスとその名前を表記する際には **TextClassificationJsonReader**〔**text_classification_json**〕のようにクラス名と該当する登録名を併記して説明します．

　3.6.3 項ではトークナイザとトークンインデクサを指定して **TextClassificationJson Reader** のインスタンスを作成しました．同様の内容を記述するには，**type** 属性として **text_ classification_json** を指定し，このクラスへの引数としてトークナイザとトークンインデ

TextClassificationJsonReader

```python
@DatasetReader.register("text_classification_json")
class TextClassificationJsonReader(DatasetReader):
| def __init__(
|     self,
|     token_indexers: Dict[str, TokenIndexer] = None,
|     tokenizer: Tokenizer = None,
|     segment_sentences: bool = False,
|     max_sequence_length: int = None,
|     skip_label_indexing: bool = False,
|     text_key: str = "text",
|     label_key: str = "label",
|     **kwargs
| ) -> None
```

Reads tokens and their labels from a labeled text classification dataset.

The output of `read` is a list of `Instance` s with the fields: tokens : `TextField` and label : `LabelField`

Registered as a `DatasetReader` with name "text_classification_json".

図 3.3 AllenNLP ド キ ュ メ ン ト で の `TextClassificationJsonReader` の 登 録 名 の 記 述（出 典：https://docs.allennlp.org/main/api/data/dataset_readers/text_classification_json/）

クサの設定を指定します．トークナイザには 3.6.2 項で作成した `MecabTokenizer`〔`mecab`〕を指定し，トークンインデクサには `SingleIdTokenIndexer`〔`single_id`〕を `tokens` という名前で作成するように指定します．

```json
"dataset_reader": {
    "type": "text_classification_json",
    "tokenizer": {
        "type": "mecab"
    },
    "token_indexers": {
        "tokens": {
            "type": "single_id"
        }
    }
},
```

　データローダを設定します．訓練データセット用のデータローダ (`data_loader`) と検証データセット用のデータローダ (`validation_data_loader`) を作成します．データローダとして `SimpleDataLoader`〔`simple`〕を指定し，`batch_size` には 32 を指定します．また，訓練データセット用のデータローダのみ `shuffle` 属性を `true` に設定し，データセット中のイン

スタンスをランダムに並び替えてからミニバッチを作成するようにします.

```
"data_loader": {
    "type": "simple",
    "batch_size": 32,
    "shuffle": true
},
"validation_data_loader": {
    "type": "simple",
    "batch_size": 32,
    "shuffle": false
},
```

　語彙に関連する設定を行います.ここでは 3.6.5 項での実装と同様に引数を指定せずに空の設定を記述します.また datasets_for_vocab_creation には語彙の作成の際に用いるデータセットを指定します.ここでは訓練データセット (train) を用いるように設定します.

```
"vocabulary": {},
"datasets_for_vocab_creation": ["train"],
```

　モデルの設定を行います.BasicClassifier 〔basic_classifier〕に対して,テキストフィールドエンベダ〔text_field_embedder〕と seq2vec エンコーダ〔seq2vec_encoder〕を引数として指定します.またテキストフィールドエンベダで用いるトークンエンベダとして Embedding〔embedding〕を指定し,seq2vec エンコーダには BagOfEmbeddingsEncoder 〔bag_of_embeddings〕を指定します.指定する引数およびその値は,Python コードでのモデル実装時に使ったものと同様のものを使います.

```
"model": {
    "type": "basic_classifier",
    "text_field_embedder": {
        "token_embedders": {
            "tokens": {
                "type": "embedding",
                "embedding_dim": 100
            }
        }
    },
    "seq2vec_encoder": {
        "type": "bag_of_embeddings",
        "embedding_dim": 100
    }
```

```
    },
```

　最後にトレイナの設定を行います．最適化器として AdamOptimizer〔adam〕を用いて，早期終了を 3 エポックで行い，最大 10 エポック訓練するように指定します．また，3.7.3 項で紹介する TensorBoard を使って訓練時の指標を視覚化するために訓練時にログを出力するコールバックである TensorBoardCallback〔tensorboard〕をトレイナに追加します．コールバックは，訓練の開始・終了時や，ミニバッチやエポックの処理完了時など，様々なタイミングで任意のコードを実行できるようにするためのトレイナの機能です．

```
    "trainer": {
        "optimizer": {
            "type": "adam"
        },
        "num_epochs": 10,
        "patience": 3,
        "callbacks": [
            {
                "type": "tensorboard"
            }
        ]
    }
```

3.7.2　モデルの訓練

　設定ファイルで記述されたモデルは，allennlp train コマンドを用いて訓練を行います．このコマンドを使う際には，設定ファイルやモデルの実行に必要なコードのファイル名を引数として指定する必要があります．設定ファイルは livedoor_news.jsonnet，3.6.2 項で作成した MecabTokenizer のコードは mecab_tokenizer.py に保存されているものとします．

　それでは定義した設定ファイルを用いてモデルの訓練を行ってみましょう．出力ディレクトリを--serialization-dir 引数を用いて exp_livedoor_news ディレクトリに指定します．また--include-package 引数を用いて，mecab_tokenizer.py を外部パッケージとして指定します．

```
!allennlp train --serialization-dir exp_livedoor_news  \
  --include-package mecab_tokenizer livedoor_news.jsonnet
```

```
Metrics: {
  "best_epoch": 2,
  "peak_worker_0_memory_MB": 3548.93359375,
```

```
  "training_duration": "0:02:29.437865",
  "epoch": 5,
  "training_accuracy": 0.9996611318197222,
  "training_loss": 0.002606542245838854,
  "training_worker_0_memory_MB": 3548.93359375,
  "validation_accuracy": 0.9511533242876526,
  "validation_loss": 0.22110776213473096,
  "best_validation_accuracy": 0.9511533242876526,
  "best_validation_loss": 0.20935571915470064
}
```

　訓練が終了するといくつかの指標が表示されます．ここで重要な指標としては，訓練終了時の訓練データセットと検証データセットでの損失 (training_loss, validation_loss) と正解率 (training_accuracy, validation_accuracy)，最も検証データセットでの性能が良かったエポック (best_epoch) と，そのエポックにおける検証データセットでの損失 (best_validation_loss) と正解率 (best_validation_accuracy) があります．ここで正解率は下記で定義されます．

$$正解率 = \frac{正解したインスタンス数}{全てのインスタンス数}$$

　出力された指標を見ると，検証データセット上での性能が最も良かった 3 エポック終了時 ("best_epoch": 2)[10] のモデルが最終的なモデルとして選択されたことがわかります．また，損失や正解率が 3.6.13 項で得られた値と同じになっており，Python を使って実装したモデルと同じモデルが設定ファイルを使ってより簡潔に記述できたことがわかります．

　訓練の完了時に，出力ディレクトリに model.tar.gz というファイルが生成されます．このファイルは，モデルを動作させるのに必要なデータを 1 つのファイルにまとめた**アーカイブファイル**と呼ばれるファイルで，中身には語彙のデータ（vocabulary ディレクトリ），実行した設定の内容を格納した JSON ファイル (config.json)，訓練したモデルのパラメータを格納したファイル (weights.th) などが含まれます．

```
!tar tf exp_livedoor_news/model.tar.gz
```

```
config.json
weights.th
vocabulary/
vocabulary/.lock
vocabulary/labels.txt
vocabulary/non_padded_namespaces.txt
```

---

10)　best_epoch は 0 から開始されるため，"best_epoch": 2 は 3 エポック終了時に対応します．

```
vocabulary/tokens.txt
meta.json
```

3.7.3　TensorBoard による指標の確認

train コマンドは様々な指標のログをとり出力ディレクトリ内の log ディレクトリに保存します．保存した指標は TensorBoard というツールを使って確認できます．

以下のコマンドを実行すると Google Colab 上で TensorBoard の拡張機能が有効化されます．

```
%load_ext tensorboard
```

ログが格納されたディレクトリを logdir 引数に指定して，TensorBoard を表示しましょう．

```
%tensorboard --logdir exp_livedoor_news
```

指標の名前をクリックするとグラフが表示されます．この中で特に重要なのは正解率 (accuracy) と損失 (loss) です．

図 3.4 と図 3.5 に TensorBoard の画面を示します．縦軸が正解率（図 3.4）と損失（図 3.5），横軸がエポック数に対応していて，上のグラフが訓練データセット，下のグラフが検証データセットでの指標の推移を表しています．

訓練が進むごとに訓練データセットでの正解率は上昇し，損失は減少しています．しかし検証データセットでは損失および正解率は 3 エポック終了時が最も良い値になっています．早期終了の指標にはデフォルトで検証データセットでの損失が用いられるため，3 エポック以降は過学習が起きていると判断され，その後 3 エポック経過した後の 6 エポックで訓練が早期終了しています．

3.7.4　性能の評価

それでは学習したモデルをテストデータセットを使って評価してみましょう．AllenNLP には評価を行うための allennlp evaluate コマンドが用意されています．このコマンドでは，第 1 引数にモデルのアーカイブファイル，第 2 引数にテストデータセットのパスを指定します．また，train コマンドの実行の際と同じく，--include-package mecab_tokenizer を指定します．

```
!allennlp evaluate --include-package mecab_tokenizer \
  exp_livedoor_news/model.tar.gz data/livedoor_news/livedoor_news_test.jsonl
```

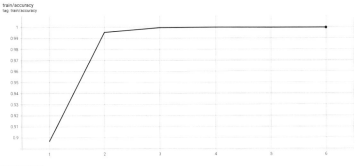

図 **3.4**　TensorBoard での正解率の推移

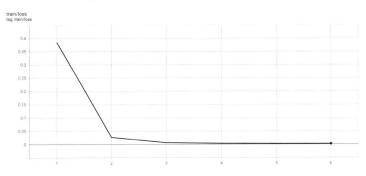

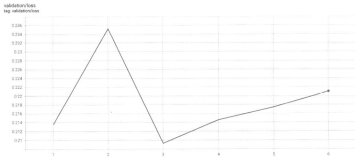

図 **3.5**　TensorBoard での損失の推移

実行が完了すると以下のような結果が表示されます.

```
accuracy: 0.94, loss: 0.15
```

テストデータセットを 94% の正解率で分類できました.

3.7.5 学習したモデルを使う

それでは,学習したモデルを使ってみましょう.モデルへの入力として,以下の2つの文を使います.

- 新しい洗濯機がほしい
- 私は巨人ファンだ

AllenNLP で学習したモデルを使うには,`allennlp predict` コマンドを使用する方法と,Python コードを使用する方法があります.

(1) allennlp predict コマンドを使う方法

まず,`allennlp predict` コマンドを使った方法を紹介します.

以下の内容を含んだ JSON 形式の入力ファイル `text_classification_input.json` を用意します.

```
{"sentence":"新しい洗濯機がほしい"}                    text_classification_input.json
{"sentence":"私は巨人ファンだ"}
```

分類したい文を sentence 属性に記入した JSON を行単位で記述します.`allennlp predict` コマンドには,第1引数にモデルのアーカイブファイル,第2引数に入力ファイルのパスを指定します.また `--include-package mecab_tokenizer` を指定します.

```
!allennlp predict --include-package mecab_tokenizer \
 exp_livedoor_news/model.tar.gz text_classification_input.json
```

入力文ごとに分類結果が表示されます[11].

```
input 0:
prediction:  {
  "probs": [0.1054675430059433, ..., 0.108761809976629257],
  "label": "kaden-channel",
  ...
}
```

---

11)　出力は紙面の都合により加工・整形してあります.

```
input 1:
prediction: {
  "probs": [0.17433097958564758, ..., 0.092197030782699958],
  "label": "sports-watch",
  ...
}
```

各入力に対して予測された確率 (probs) と予測結果 (label) が表示されています.

表 3.2 に分類結果を示します. 入力した文は, 妥当なクラスに分類されていることがわかります.

表 3.2　文書分類モデルの出力

文	予測されたラベル	サービス名称
新しい洗濯機がほしい	kaden-channel	家電チャンネル
私は巨人ファンだ	sports-watch	Sports Watch

また, 表 3.3 は「新しい洗濯機がほしい」に対してモデルが出力した確率分布です. この文が分類された「家電チャンネル」の確率が最も高くなっていることがわかります.

表 3.3　「新しい洗濯機がほしい」に対して出力された確率分布

予測されたラベル	サービス名称	確率
dokujo-tsushin	独女通信	12.2%
it-life-hack	IT ライフハック	12.1%
kaden-channel	家電チャンネル	**13.5**%
livedoor-homme	livedoor HOMME	10.9%
movie-enter	MOVIE ENTER	9.3%
peachy	Peachy	10.6%
smax	エスマックス	12.1%
sports-watch	Sports Watch	10.6%
topic-news	トピックニュース	8.9%

（2）　Python コードを使う方法

Python コードを使って, allennlp predict コマンドと同様の処理を実装してみましょう. まず Python から訓練したモデルのアーカイブファイルを読み込むには load_archive 関数を使います.

```
from allennlp.models.archival import load_archive
archive = load_archive("exp_livedoor_news/model.tar.gz")
```

AllenNLP で読み込んだモデルを使う場合は，**プレディクタ**を用います．プレディクタを使うのはとても簡単です．まず，`from_archive` メソッドを用いてアーカイブファイルからプレディクタのインスタンスを作成します．

```
from allennlp.predictors.predictor import Predictor
predictor = Predictor.from_archive(archive)
```

それではプレディクタを使ってみましょう．`predict_json` メソッドに上述した JSON データと同様の内容を保持した `dict` を渡します．

```
print(predictor.predict_json({"sentence": "新しい洗濯機がほしい"}))
```

```
{
  'label': 'kaden-channel',
  'logits': [-0.015209678560495377, ..., 0.0155472867190083786],
  'probs': [0.1054675430059433, ..., 0.108761809766629257],
  'token_ids': [404, 3118, 484, 7, 945],
  'tokens': ['新しい', '洗濯', '機', 'が', 'ほしい']
}
```

`allennlp predict` コマンドと同じ予測結果が得られました．

プレディクタを用いると，Python コードから訓練したモデルを使うことができるため，モデルをウェブアプリケーションなどの Python アプリケーションに簡単に組み込むことができます．

第❹章 | 評判分析モデルの実装

評判分析 (sentiment analysis) は，文書に紐付いた評判を分析する自然言語処理のタスクです．アンケート結果の集計やソーシャルメディアの解析などの用途で，幅広く使用されています．

このタスクの例として，「この料理は価格が高くて美味しくない」という文について考えてみましょう．この文が否定的であることを検出するには「価格が高く」，「美味しくない」といった単語の並びを考慮する必要があります．

前章で解説した bag-of-embeddings モデルでは，文書中の単語エンベディングを全て加算して文書のベクトルを計算しました．この方法だと，文中の単語を並び替えてもベクトルは変わらないため，上述した文と，単語を並び替えて作った肯定的な文「この料理は美味しくて価格が高くない」は同じベクトルで表現されてしまうことになり，2 つの文の違いを正しく認識することができません．

畳み込みニューラルネットワーク (Convolutional Neural Network, **CNN**)[9] は，単語の並びの情報から特徴を抽出できるモデルです．本章では，CNN を用いた評判分析モデル[7]の実装を行います．

4.1 畳み込みニューラルネットワーク

CNN は入力中の局所的な情報に基づいてタスクを解くニューラルネットワークの構造です．元々は主に画像処理において使われていた構造ですが，近年は自然言語処理の用途にもよく使われています．

CNN は入力された文書に対して**畳み込み** (convolution) と**プーリング** (pooling) を適用することで，入力文書の情報を集約した特徴ベクトルを作成します．なお，本書では画像処理な

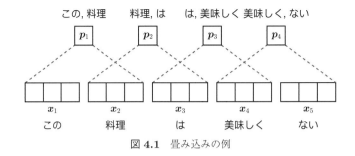

この, 料理　　　料理, は　　　は, 美味しく　美味しく, ない

$\boldsymbol{p}_1$　　　$\boldsymbol{p}_2$　　　$\boldsymbol{p}_3$　　　$\boldsymbol{p}_4$

$\boldsymbol{x}_1$　　　$\boldsymbol{x}_2$　　　$\boldsymbol{x}_3$　　　$\boldsymbol{x}_4$　　　$\boldsymbol{x}_5$

この　　　料理　　　は　　　美味しく　　　ない

図 4.1 畳み込みの例

どで用いられる 2 次元以上の畳み込みについては解説せず，1 次元の畳み込みのみを解説します．

(1) 畳み込み

　畳み込みでは，入力ベクトル列に対して任意の幅の窓 (window) を順に移動させていき，窓に含まれるベクトル列から特徴を抽出します．図 4.1 に，幅 2 の窓を「この料理は美味しくない」という文の単語エンベディング列に適用した場合の畳み込みの例を示します．入力文は窓の移動に沿って「この, 料理」，「料理, は」，「は, 美味しく」，「美味しく, ない」というように 2 単語ごとに処理されています．また各窓の位置ごとに，窓に含まれる入力ベクトル列にフィルタ (filter) と呼ばれる処理が適用されて，特徴量がスカラー値で計算されます．フィルタを用いることで，「美味しく, ない」のような単語の並びに対応する特徴量を計算することができます．

　窓幅を C とすると，長さ K の D 次元の入力ベクトル列 $\boldsymbol{x}_1, \boldsymbol{x}_2, ..., \boldsymbol{x}_K$ に対して，窓の位置 i に対応する特徴量 p_i は下記のように計算されます．

$$\boldsymbol{z}_i = \begin{bmatrix} \boldsymbol{x}_i \\ \boldsymbol{x}_{i+1} \\ \vdots \\ \boldsymbol{x}_{i+C-1} \end{bmatrix}, \quad p_i = g(\boldsymbol{u}^\top \boldsymbol{z}_i + b), \quad \boldsymbol{z}_i \in \mathbb{R}^{CD}, \boldsymbol{u} \in \mathbb{R}^{CD}, b \in \mathbb{R} \tag{4.1}$$

ここで，$\boldsymbol{z}_i$ は，$\boldsymbol{x}_i, \boldsymbol{x}_{i+1}, ..., \boldsymbol{x}_{i+C-1}$ を連結したベクトル，g は任意の活性化関数です．また，$\boldsymbol{u}$（ベクトル）と b（スカラー値）は，訓練時に更新されるフィルタのパラメータです．

　重要な単語の並びは，様々な表現として出現します（例：「美味しく, ない」，「良い, 匂い」）．こうした多様な表現を捉えられるようにするため，1 つのモデルの中で複数のフィルタを用いることができます．窓幅 C のフィルタを L 個用いた場合，畳み込み処理は下記のように行われます．

$$\boldsymbol{p}_i = g(\boldsymbol{U}\boldsymbol{z}_i + \boldsymbol{b}), \quad \boldsymbol{p}_i \in \mathbb{R}^L, \boldsymbol{z}_i \in \mathbb{R}^{CD}, \boldsymbol{U} \in \mathbb{R}^{L \times CD}, \boldsymbol{b} \in \mathbb{R}^L$$

複数のフィルタの演算を同時に行うため，式 (4.1) と比較してベクトル $\boldsymbol{u}$ とスカラー値 b が行列 $\boldsymbol{U}$ とベクトル $\boldsymbol{b}$ になっています．また，出力もスカラー値 p_i から各フィルタの出力で構成される長さ L のベクトル $\boldsymbol{p}_i$ になっています．

また 1 つのモデルの中で複数の窓幅を用いることもできます．J 個の異なる窓幅のそれぞれに対して L 個のフィルタを用いた場合，窓の位置 i に対応する出力ベクトルは，それぞれ異なる窓幅に対応した J 個の長さ L のベクトル $\boldsymbol{p}_i^1, \boldsymbol{p}_i^2, ..., \boldsymbol{p}_i^J$ を連結して下記のように計算できます．

$$\boldsymbol{p}_i = \begin{bmatrix} \boldsymbol{p}_i^1 \\ \boldsymbol{p}_i^2 \\ \vdots \\ \boldsymbol{p}_i^J \end{bmatrix}, \qquad \boldsymbol{p}_i \in \mathbb{R}^{JL}$$

複数の窓幅を用いることで，「おいしい」（窓幅 1）や「食感, が, 良い」（窓幅 3）など，様々な窓幅で出現する重要な単語の並びを捉えることができるようになります．後述する評判分析モデルにおいても，複数の窓幅およびフィルタを用いて CNN のモデルを定義します．

(2) プーリング

ここまでで入力に畳み込みを適用することで，各窓の位置 i ごとにベクトル $\boldsymbol{p}_i$ を作成する方法を解説しました．プーリングではこれらのベクトルを 1 つのベクトル $\boldsymbol{c}$ に集約します．プーリングには様々な方法がありますが，ここでは代表的な**最大プーリング** (max pooling) と**平均プーリング** (average pooling) の 2 つの方法を紹介します．

まず，最大プーリング（図 4.2）はそれぞれのフィルタが全ての窓の位置で出力した値の中から最大のものを選ぶ方法です．入力文書に畳み込み処理を適用して $\boldsymbol{p}_1, \boldsymbol{p}_2, ..., \boldsymbol{p}_m$ の $m = K - C + 1$ 個のベクトルが得られたとき，$\boldsymbol{p}_i$ の j 番目の値（j 番目のフィルタが出力した値）を $p_{i,j}$ と書くと，最大プーリングは下記のように表せます．

$$c_j = \max_{1 \le i \le m} p_{i,j}$$

また平均プーリング（図 4.3）は各フィルタの全ての窓の位置における出力値を平均してベクトル $\boldsymbol{c}$ を計算します．

$$c_j = \frac{1}{m} \sum_{i=1}^m p_{i,j}$$

ここで計算されたベクトル $\boldsymbol{c}$ がプーリングの結果として出力されます．

さて，評判分析を解く際には「美味しく, ない」のような特徴的な単語の並びが重要である

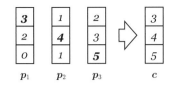

ベクトルの各要素から最大の値を選択

図 4.2　最大プーリングの例

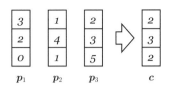

ベクトルの各要素の平均の値を計算

図 4.3　平均プーリングの例

ことを述べました．ここで，特定のフィルタがこうした単語の並びに反応して，大きな値を出力するように訓練できたと仮定しましょう．最大プーリングでは各フィルタが出力した全ての値の中から最大のものが選択されるため，最も特徴的な単語の並びが入力文書中から検出されて，特徴ベクトルの要素として出力されます．このため，最大プーリングを用いた CNN は特徴的な単語の並びを検出するのに適していると考えられます．こうした理由から，本章での評判分析のモデルには，最大プーリングを用います．

4.2　データセットのセットアップ

　本章では，Amazon Customer Reviews データセット[1] という Amazon から取得した製品のレビューのデータセット[2] を用います．

　各レビューには 1～5 の 5 段階の評価が数値で付与されています．本章では 1 と 2 を否定的，4 と 5 を肯定的であると考えて，レビューの内容が肯定的か否定的かを判別する評判分析のモデルの実装を行います．

　`data/amazon_reviews` ディレクトリを作成し，データセットをダウンロードして解凍します．

```
# データセットの出力ディレクトリを作成
!mkdir -p data/amazon_reviews
# データセットをダウンロード
!wget -q -O data/amazon_reviews/amazon_reviews_multilingual_JP_v1_00.tsv.gz \
  "https://s3.amazonaws.com/amazon-reviews-pds/tsv/amazon_reviews_multilingual_JP_v1_00.tsv.gz"
# データセットを解凍し，data/amazon_reviews に展開
!gunzip data/amazon_reviews/amazon_reviews_multilingual_JP_v1_00.tsv.gz
```

---

　1)　https://s3.amazonaws.com/amazon-reviews-pds/readme.html
　2)　このデータセットにはアメリカ，イギリス，フランス，ドイツ，日本の 5 ヶ国の Amazon ウェブサイトから収集されたデータが含まれていますが，今回は日本のサイトのデータのみを使います．

　本章では前章と同じく`TextClassificationJsonReader`を使います．下記のスクリプト
は，データセットからランダムに 50,000 件を抽出し，8 : 1 : 1 の割合でそれぞれ訓練用，
検証用，テスト用に分割し，`TextClassificationJsonReader`で読み込める行区切り JSON
形式で出力します．このデータセットはウェブサイトから取得されたものであるため，レビュ
ーのテキストには HTML タグが含まれています．HTML タグは今回のタスクにおいては不
要なので，HTML を解析するライブラリである`BeautifulSoup`を用いて除去します．

```python
import csv
import json
import os
import random
import warnings
from bs4 import BeautifulSoup

# csv ライブラリのフィールドの最大サイズを変更
csv.field_size_limit(1000000)
# BeautifulSoup の出力する警告を抑制
warnings.filterwarnings("ignore", category=UserWarning, module="bs4")

# データセットをファイルから読み込む
data = []
with open("data/amazon_reviews/amazon_reviews_multilingual_JP_v1_00.tsv") as f:
    reader = csv.reader(f, delimiter="\t")
    # 1 行目はヘッダなので無視する
    next(reader)
    for r in reader:
        # レビューのテキストを取得
        review_body = r[13]
        # レビューのテキストから HTML タグを除去
        review_body = BeautifulSoup(review_body, "html.parser").get_text()
        # 評価の値を取得
        ratings = int(r[7])
        # 評価が 2 以下の場合に否定的，4 以上の場合に肯定的と扱う
        if ratings <= 2:
            data.append(dict(text=review_body, label="negative"))
        elif ratings >= 4:
            data.append(dict(text=review_body, label="positive"))

# データセットから 50,000 件をランダムに抽出する
random.seed(1)
random.shuffle(data)
data = data[:50000]
```

```
# データセットの 80%を訓練データ, 10%を検証データ, 10%をテストデータとして用いる
split_data = {}
eval_size = int(len(data) * 0.1)
split_data["test"] = data[:eval_size]
split_data["validation"] = data[eval_size:eval_size * 2]
split_data["train"] = data[eval_size * 2:]

# 行区切り JSON 形式でデータセットを書き込む
for fold in ("train", "validation", "test"):
    out_file = os.path.join("data/amazon_reviews",
                            "amazon_reviews_{}.jsonl".format(fold))
    with open(out_file, mode="w") as f:
        for item in split_data[fold]:
            json.dump(item, f, ensure_ascii=False)
            f.write("\n")
```

実行が終わると下記の 3 個のファイルが data/amazon_reviews に生成されます.

- 訓練データセット: amazon_reviews_train.jsonl
- 検証データセット: amazon_reviews_validation.jsonl
- テストデータセット: amazon_reviews_test.jsonl

4.3 モデルの開発

4.3.1 実 装

それでは CNN を用いた評判分析のモデルを実装していきましょう. まず下記に設定ファイルを示します.

```
                                              amazon_reviews.jsonnet
{
    "random_seed": 1,
    "pytorch_seed": 1,
    "train_data_path": "data/amazon_reviews/amazon_reviews_train.jsonl",
    "validation_data_path": "data/amazon_reviews/amazon_reviews_validation.jsonl",
    "dataset_reader": {
        "type": "text_classification_json",
        "tokenizer": {
            "type": "mecab"
```

```
        },
        "token_indexers": {
            "tokens": {
                "type": "single_id"
            }
        }
    },
    "data_loader": {
        "batch_size": 32,
        "shuffle": true
    },
    "validation_data_loader": {
        "batch_size": 32,
        "shuffle": false
    },
    "vocabulary": {},
    "datasets_for_vocab_creation": ["train"],
    "model": {
        "type": "basic_classifier",
        "text_field_embedder": {
            "token_embedders": {
                "tokens": {
                    "type": "embedding",
                    "embedding_dim": 100
                }
            }
        },
        "seq2vec_encoder": {
            "type": "cnn",
            "embedding_dim": 100,
            "ngram_filter_sizes": [2],
            "num_filters": 64,
            "conv_layer_activation": "relu"
        }
    },
    "trainer": {
        "cuda_device": 0,
        "optimizer": {
            "type": "adam"
        },
        "num_epochs": 10,
        "patience": 3,
        "callbacks": [
```

```
            {
                "type": "tensorboard"
            }
        ]
    }
}
```

　本章で解く問題はレビューの文書を肯定的か否定的かに分類する文書分類の問題であるため，設定ファイルは 3.7 節で紹介した設定ファイルとモデルに関する設定以外はほぼ同一の内容になっています.

　モデルに関する設定を見てみましょう. 分類を行うモデルとして 3.7 節で作成した設定ファイルと同様に BasicClassifier〔basic_classifier〕を使っています. また，テキストフィールドエンベダを 100 次元の単語エンベディングを用いて作成しています.

　また，本節では AllenNLP に実装されている畳み込みと最大プーリングによる CNN の実装である CnnEncoder〔cnn〕を使います. 前述したように，CNN はベクトルの列 $x_1, x_2, ...,$ x_K を入力として受け取って，畳み込みとプーリングを適用してベクトル c を出力します. このため CnnEncoder は 3.6.9 項で紹介した seq2vec エンコーダの一つになっています.

　CnnEncoder は窓幅 C (ngram_filter_sizes)，窓幅ごとのフィルタ数 L (num_filters)，活性化関数 g (conv_layer_activation) を引数として設定できます. 窓幅は 2（連続した 2 単語を考慮），フィルタ数は 64，活性化関数は正規化線形関数 (relu) を指定します.

```
    "model": {
        "type": "basic_classifier",
        "text_field_embedder": {
            "token_embedders": {
                "tokens": {
                    "type": "embedding",
                    "embedding_dim": 100
                }
            }
        },
        "seq2vec_encoder": {
            "type": "cnn",
            "embedding_dim": 100,
            "ngram_filter_sizes": [2],
            "num_filters": 64,
            "conv_layer_activation": "relu"
        }
    },
```

　また本章では訓練を高速に行うため，Google Colab で提供されている GPU を使って訓練を行います．AllenNLP では，トレイナの設定（**trainer** 属性）に"cuda_device": GPU 番号のように指定すると GPU を使用して訓練が行われるため，トレイナの設定に"cuda_device": 0 を記述します．

4.3.2　モデルの訓練

　allennlp train コマンドを使ってモデルを訓練します．出力ディレクトリを exp_amazon_reviews ディレクトリに指定します．また，作成した設定ファイルは amazon_reviews.jsonnet，MecabTokenizer のコードは mecab_tokenizer.py に保存されているものとします．

```
!allennlp train --serialization-dir exp_amazon_reviews \
  --include-package mecab_tokenizer amazon_reviews.jsonnet
```

```
{
  "best_epoch": 1,
  "peak_worker_0_memory_MB": 7196.2734375,
  "peak_gpu_0_memory_MB": 647.0498046875,
  "training_duration": "0:00:50.653932",
  "epoch": 4,
  "training_accuracy": 0.9874,
  "training_loss": 0.037208545000061832,
  "training_worker_0_memory_MB": 7196.2734375,
  "training_gpu_0_memory_MB": 647.03515625,
  "validation_accuracy": 0.9122,
  "validation_loss": 0.2806050434625547,
  "best_validation_accuracy": 0.921,
  "best_validation_loss": 0.20203530829945568
}
```

　出力された指標を見ると，検証データセットでの性能が良かったのは 2 エポック終了時のモデル ("best_epoch": 1) で，検証データセットを 92.1%("best_validation_accuracy": 0.921) の正解率で分類できたことがわかります．

　興味のある方は，3.7.3 項で説明した方法で指標がどのように推移したのか確認してみましょう．指標のデータは exp_amazon_reviews ディレクトリに格納されているため，TensorBoard は下記で実行できます．

```
%load_ext tensorboard
%tensorboard --logdir exp_amazon_reviews
```

4.3.3　性能の評価

訓練したモデルをテストデータセットで評価してみましょう.

```
!allennlp evaluate --include-package mecab_tokenizer \
 exp_amazon_reviews/model.tar.gz data/amazon_reviews/amazon_reviews_test.jsonl
```

```
accuracy: 0.92, loss: 0.20
```

テストデータセットを 92% の正解率で分類できました.

4.3.4　学習したモデルを使う

学習したモデルを使って評判分析を実行してみましょう. 下記の 3 つの入力文を使います.

- この本は, 役に立つし, 面白い。
- この本は, 役に立たないし, 面白くない。
- この本は, 役に立たないけど, 面白い。

以下の内容を含んだ入力ファイル sentiment_analysis_input.json を用意します.

```
                                                    sentiment_analysis_input.json
{"sentence":"この本は, 役に立つし, 面白い。"}
{"sentence":"この本は, 役に立たないし, 面白くない。"}
{"sentence":"この本は, 役に立たないけど, 面白い。"}
```

allennlp predict コマンドを実行して, これらの文に対する予測結果を見てみましょう[3].

```
!allennlp predict --include-package mecab_tokenizer \
 exp_amazon_reviews/model.tar.gz sentiment_analysis_input.json
```

```
input 0:
prediction:  {
  "probs": [0.9876855611801147, 0.0123143903911111374],
  "label": "positive",
  ...
}

input 1:
prediction:  {
  "probs": [0.05416760966181755, 0.945832371711731],
  "label": "negative",
  ...
```

---

3)　出力は紙面の都合により加工・整形してあります.

```
}

input 2:
prediction: {
  "probs": [0.9808835387229919, 0.0191165301948785578]
  "label": "positive",
  ...
}
```

`probs` フィールドに対応する配列の最初の値が肯定的，次の値が否定的である確率を表しています．

表 4.1 に入力文と予測されたラベルと肯定的／否定的である確率を示します．3 つの入力文の細かい違いを捉えて，正しく分類できていることがわかります．

表 4.1　評判分析モデルの出力

文	ラベル	肯定的である確率	否定的である確率
この本は，役に立つし，面白い。	positive	98.8%	1.2%
この本は，役に立たないし，面白くない。	negative	5.4%	94.6%
この本は，役に立たないけど，面白い。	positive	98.1%	1.9%

なお 3.7.5 項 (2) で紹介した方法で，上記と同様の処理を Python で実行することも可能です．

4.4　ハイパーパラメータ探索

CNN には，窓幅やフィルタ数などの性能に影響を与える重要なハイパーパラメータが存在します．本節では性能への影響の大きい下記の 3 つについてハイパーパラメータの探索を行います．

- 単語エンベディングの次元数 (embedding_dim)
- 窓幅 (ngram_filter_sizes)
- フィルタ数 (num_filters)

ハイパーパラメータの探索には，優れたオープンソースのツールがいくつか存在します．こうしたツールには，ハイパーパラメータ探索に適したアルゴリズムを用いて，効率的に探索する方法が実装されています．本節では，ハイパーパラメータ探索の代表的なツールの一つであ

る Optuna[4] に実装された **Tree-structured Parzen Estimator** (TPE) を用いた探索を行う方法を解説します．TPE は，探索の履歴からハイパーパラメータの組み合わせに対応する性能を近似するモデルを逐次学習し，性能の高そうな領域を重点的に探索するアルゴリズムです．

まず Optuna をインストールします．

```
!pip install optuna
```

AllenNLP のモデルのハイパーパラメータ探索を Optuna で行うには，探索するハイパーパラメータの値を Optuna が AllenNLP に渡せるように設定ファイルを変更する必要があります．下記に Optuna でハイパーパラメータ探索を行うための設定ファイルを示します．

```
                                           amazon_reviews_optuna.jsonnet
local embedding_dim = std.parseInt(std.extVar("embedding_dim"));
local num_filters = std.parseInt(std.extVar("num_filters"));
local max_filter_size = std.parseInt(std.extVar("max_filter_size"));
local ngram_filter_sizes = std.range(2, max_filter_size);
{
    "random_seed": 1,
    "pytorch_seed": 1,
    "train_data_path": "data/amazon_reviews/amazon_reviews_train.jsonl",
    "validation_data_path": "data/amazon_reviews/amazon_reviews_validation.jsonl",
    "dataset_reader": {
        "type": "text_classification_json",
        "tokenizer": {
            "type": "mecab"
        },
        "token_indexers": {
            "tokens": {
                "type": "single_id"
            }
        }
    },
    "data_loader": {
        "batch_size": 32,
        "shuffle": true
    },
    "validation_data_loader": {
        "batch_size": 32,
        "shuffle": false
```

---

4) https://optuna.org/

```
        },
        "vocabulary": {},
        "datasets_for_vocab_creation": ["train"],
        "model": {
            "type": "basic_classifier",
            "text_field_embedder": {
                "token_embedders": {
                    "tokens": {
                        "type": "embedding",
                        "embedding_dim": embedding_dim
                    }
                }
            },
            "seq2vec_encoder": {
                "type": "cnn",
                "embedding_dim": embedding_dim,
                "ngram_filter_sizes": ngram_filter_sizes,
                "num_filters": num_filters,
                "conv_layer_activation": "relu"
            }
        },
        "trainer": {
            "cuda_device": 0,
            "optimizer": {
                "type": "adam"
            },
            "num_epochs": 10,
            "patience": 3
        }
}
```

評判分析モデルの実装

　4.3.1 項で作成した設定ファイルと異なる部分について，該当行を抜き出して解説します．

　まず Optuna が設定ファイルに対して値を与えられるように，設定ファイルの冒頭で探索を行うハイパーパラメータを指定します．3.4 節で述べたように，Jsonnet は JSON を生成するためのテンプレート言語でいくつかの便利な機能が実装されています．Jsonnet の std.extVar 関数を使うと，設定ファイルに対して，環境変数を通じて値を与えることができます．Jsonnet の local キーワードを使って変数を定義し，std.parseInt 関数を使って外部から入力された文字列を整数に変換して代入します．

　また CnnEncoder の ngram_filter_sizes には窓幅の組み合わせを含んだ整数の配列を指定する必要があります．簡単に探索を行うため，配列の値を直接扱わずに幅 2 を最小の窓幅に設定し最大の窓幅 (max_filter_size) を探索することにします．具体的には，Jsonnet の

std.range 関数を使って max_filter_size を配列に変換します．この関数は第 1 引数を最小の値，第 2 引数を最大の値とした差 1 の等差数列の配列を出力します．例えば std.range(2, 5) と記述すると配列 [2，3，4，5] が出力されます[5]．

```
local embedding_dim = std.parseInt(std.extVar("embedding_dim"));
local num_filters = std.parseInt(std.extVar("num_filters"));
local max_filter_size = std.parseInt(std.extVar("max_filter_size"));
local ngram_filter_sizes = std.range(2, max_filter_size);
```

次に，モデルをこれらの値で作成するため，設定ファイルの該当部分を上述した変数で置換します．これによって Optuna が AllenNLP に探索を行うハイパーパラメータの値を渡すことができるようになります．

```
"model": {
    "type": "basic_classifier",
    "text_field_embedder": {
        "token_embedders": {
            "tokens": {
                "type": "embedding",
                "embedding_dim": embedding_dim
            }
        }
    },
    "seq2vec_encoder": {
        "type": "cnn",
        "embedding_dim": embedding_dim,
        "ngram_filter_sizes": ngram_filter_sizes,
        "num_filters": num_filters,
        "conv_layer_activation": "relu"
    }
},
```

次に Optuna を使ったハイパーパラメータ探索を行うコードを実装します．Optuna は探索するハイパーパラメータの範囲と目的関数を定義することで，目的関数を異なるハイパーパラメータで繰り返し呼び出して，返り値を最適化します．Optuna は目的関数を Trial クラス (optuna.trial.Trial) のインスタンスを引数として呼び出します．Trial インスタンスの suggest_ から始まるメソッドを呼ぶことで，試行するべきパラメータの値を得ることができます．

では，目的関数 objective を定義しましょう．まず，整数のハイパーパラメータ用のメソッドである suggest_int を使って，ハイパーパラメータの値の範囲を最小値と最大値で指定

---

[5]   Python の range 関数とは異なり，第 2 引数の値も返り値の数列に含まれます．

します[6]. 次に Optuna に実装されている AllenNLP を呼び出すためのクラスである AllenNLPExecutor を使って，訓練および検証データセットでの評価を実行します．ここで metrics 引数に最適化を行う指標として検証データセットでの正解率 (best_validation_accuracy) を指定します．また，exp_amazon_reviews_optuna/trials/ディレクトリにハイパーパラメータ探索の過程で訓練したモデルの出力を保存します．

```python
import optuna
from optuna.samplers import TPESampler
from optuna.integration.allennlp import AllenNLPExecutor, dump_best_config

def objective(trial):
    """Optuna の目的関数"""
    # 探索するハイパーパラメータと値の範囲を定義
    trial.suggest_int("embedding_dim", 50, 200)
    trial.suggest_int("max_filter_size", 2, 5)
    trial.suggest_int("num_filters", 32, 256)

    # AllenNLPExecutor を作成し訓練と評価を行う
    serialization_dir = "exp_amazon_reviews_optuna/trials/" + str(trial.number)
    executor = AllenNLPExecutor(
        trial=trial,
        metrics="best_validation_accuracy",
        serialization_dir=serialization_dir,
        config_file="amazon_reviews_optuna.jsonnet",
        include_package="mecab_tokenizer"
    )
    return executor.run()
```

出力用のディレクトリを作成します．

```
!mkdir -p exp_amazon_reviews_optuna
```

Optuna の create_study 関数を使って Study (optuna.study.Study) のインスタンスを作成します．検証データセットでの正解率を最大化するため，direction 引数に maximize を指定します．また TPE を使って最適化を行うため create_study 関数の sampler 引数には TPESampler のインスタンスを指定します．

```python
study = optuna.create_study(direction="maximize", sampler=TPESampler(seed=1))
```

---

6) suggest_int の他にも，浮動小数点を扱う suggest_float や候補から任意の値を選択する suggest_categorical などのメソッドが提供されています．詳しく知りたい方は Optuna の公式ドキュメント (https://optuna.readthedocs.io/) を参照してください．

なお，Optuna にはグリッド探索に対応する GridSampler やランダム探索に対応する RandomSampler などの複数のハイパーパラメータ探索手法が実装されており，TPESampler のかわりにこれらを使用することもできます．

Study クラスの optimize メソッドを呼んで探索を開始します．ここで，n_trials 引数で試行を行う回数を 100 回に指定します．この回数が多いほど，良いハイパーパラメータの設定を見つけやすくなります．

```
study.optimize(objective, n_trials=100)
```

```
Trial 99 finished with value: 0.9228 and parameters: {'embedding_dim': 146,
'max_filter_size': 3, 'num_filters': 75}. Best is trial 64 with value: 0.9354.
```

最も良い性能のハイパーパラメータは 64 番目の試行のもので，検証データセットでの正解率 93.54% となっており，4.3.2 項で訓練したモデルの正解率 (92.1%) に比べて 1.44 ポイント向上しています．

Optuna には，入力した設定ファイルの中で変数として指定した部分 (embedding_dim, ngram_filter_sizes, num_filters) を最も性能の良かったハイパーパラメータの値に置き換えた新しい設定ファイルを作成する dump_best_config 関数が用意されています．この関数を使って，ハイパーパラメータの探索結果を反映した amazon_reviews_best.json を作成します．

```
dump_best_config("amazon_reviews_optuna.jsonnet", "amazon_reviews_best.json", study)
```

作成されたファイルのモデルの設定の部分を見てみましょう．

```
                                                    amazon_reviews_best.json
    "model": {
        "seq2vec_encoder": {
            "conv_layer_activation": "relu",
            "embedding_dim": 170,
            "ngram_filter_sizes": [
                2,
                3,
                4,
                5
            ],
            "num_filters": 50,
            "type": "cnn"
        },
        "text_field_embedder": {
            "token_embedders": {
```

```
            "tokens": {
                "embedding_dim": 170,
                "type": "embedding"
            }
        }
    },
    "type": "basic_classifier"
},
```

探索の結果，下記のハイパーパラメータが選択されたことがわかります．

- 単語エンベディングの次元数 (embedding_dim)：170
- 窓幅 (ngram_filter_sizes)：2, 3, 4, 5
- フィルタ数 (num_filters)：50

なお上記のコマンドはモデルの訓練を 100 回実行するため，1 回の訓練にかかる時間の約 100 倍の時間がかかります．Google Colab 上で実行した際には 7 時間程度の時間がかかりました．

第 4 章

評判分析モデルの実装

第5章 固有表現認識モデルの実装

　自然言語処理でよく解かれているタスクとして，文書中の単語や文字などで構成される系列データに対してラベルを付与する**系列ラベリング** (sequence labeling) のタスクがあります．系列ラベリングの代表的な例としては，文書中の各単語に品詞を付与する**品詞タギング** (part-of-speech tagging) や本章で紹介する**固有表現認識**があります．

　固有表現認識は，文書中の固有表現（固有名詞や日付，時間表現などの表現）を抽出し，あらかじめ定義されたクラスに分類するタスクです．単語の系列に対して，固有表現のラベルを BIO (Begin, Inside, Outside) 形式で付与したものを図 5.1 に示します．BIO 形式では「B」が固有表現の開始位置であること，「I」が固有表現に含まれること，「O」が固有表現に含まれないことを表します．また B と I をラベルとして使う際は，該当する型名を連結して「B-型名」，「I-型名」（例：B-LOCATION, I-PERSON）のような形式にします．この例では，「新宿区役所」という固有表現の「新宿」に対して場所の開始位置であることを示す「B-LOCATION」，「区役所」に対して場所の固有表現に含まれることを示す「I-LOCATION」，その他の部分には固有表現に含まれないことを示す「O」が付与されています．

図 **5.1**　系列ラベリングの例

　本章では，**long short-term memory (LSTM)**[5] を使った固有表現認識モデル[8] を実装します．

5.1 リカレントニューラルネットワーク

まず，固有表現認識の実装を行う前にリカレントニューラルネットワーク (recurrent neural network, **RNN**) について解説します．RNN は，任意の長さの系列データを扱うことができるニューラルネットワークの構造です．本章では，基本的な RNN の仕組みについて解説した後に，自然言語処理で一般的に使われる RNN の一種である LSTM について解説します．

図 **5.2** に RNN の構造を示します．RNN は内部に再帰構造を持つニューラルネットワークです．RNN に D^i 次元の入力ベクトル列 $\boldsymbol{x}_1, \boldsymbol{x}_2, ..., \boldsymbol{x}_K$ を入力することを考えます．RNN は，各時刻 t に対応する D^i 次元の入力ベクトル $\boldsymbol{x}_t \in \mathbb{R}^{D^i}$ と $t-1$ における D^h 次元の隠れ状態ベクトル (hidden state vector) $\boldsymbol{h}_{t-1} \in \mathbb{R}^{D^h}$ を受け取り，新しい隠れ状態ベクトル $\boldsymbol{h}_t \in \mathbb{R}^{D^h}$ を計算します．ここで隠れ状態ベクトル $\boldsymbol{h}_t$ は各時刻 t における状態を表しているベクトルです．隠れ状態ベクトルは入力ベクトルの情報を取り込みながら更新されていくため，理論的には過去の時刻に読み込んだ全ての入力ベクトルの情報を保持していると考えることができます．

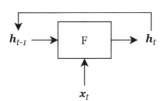

図 **5.2** リカレントニューラルネットワークの構造

図 5.2 のループ構造を $K = 4$ で展開して図示したものが図 **5.3** です．各時刻で，入力ベクトル $\boldsymbol{x}_t$ を読み込んで新しい隠れ状態ベクトル $\boldsymbol{h}_t$ が計算される単純な構造であることがわかります．

入力ベクトル $\boldsymbol{x}_t$ と 1 つ前の隠れ状態ベクトル $\boldsymbol{h}_{t-1}$ から隠れ状態ベクトル $\boldsymbol{h}_t$ を計算する関数を F で表します．

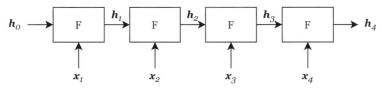

図 **5.3** リカレントニューラルネットワークの展開図

第 5 章

固有表現認識モデルの実装

$$\boldsymbol{h}_t = \mathrm{F}(\boldsymbol{h}_{t-1}, \boldsymbol{x}_t)$$

RNN は系列データに対して再帰的に関数 F を適用していくニューラルネットワークのモデルです。ここで、関数 F に含まれるパラメータは時刻にかかわらず同一であることに注意してください。

例えば、**単純な RNN** では関数 F は下記のように定義されます。

$$\mathrm{F}_{\mathrm{RNN}}(\boldsymbol{h}_{t-1}, \boldsymbol{x}_t) = \tanh(\boldsymbol{W}\boldsymbol{h}_{t-1} + \boldsymbol{U}\boldsymbol{x}_t + \boldsymbol{b})$$

$\mathrm{F}_{\mathrm{RNN}}$ は、隠れ状態ベクトル $\boldsymbol{h}_{t-1}$ とパラメータ行列 $\boldsymbol{W} \in \mathbb{R}^{D^h \times D^h}$ の積、入力ベクトル $\boldsymbol{x}_t$ とパラメータ行列 $\boldsymbol{U} \in \mathbb{R}^{D^h \times D^i}$ の積、ベクトル $\boldsymbol{b} \in \mathbb{R}^{D^h}$ の 3 つを足し合わせたものに双曲線正接関数を適用する関数です。この RNN は各時刻 t で $\boldsymbol{h}_t$ を出力します。

5.1.1 双方向リカレントニューラルネットワーク

上述した RNN では時刻 $t = 1$ から時間の進む方向に順に処理していくことを考えました。この場合、各時刻において、過去の時刻の入力ベクトルに含まれていた情報は取得できますが、未来の時刻の入力ベクトルの情報は取得できません。これを解決するために、時間の進む方向と遡る方向の 2 つの方向から処理を行うようにした RNN が**双方向 RNN** (bidirectional RNN) です。双方向 RNN を用いると、各時刻で入力列全体の情報を考慮することができます。

双方向 RNN には時刻を順方向に処理する RNN (F^f) と逆方向に処理する RNN (F^b) の 2 つが含まれます。双方向 RNN の隠れ状態ベクトルは、各時刻で順方向と逆方向に対応した 2 つのベクトル $\boldsymbol{h}_t^f$ と $\boldsymbol{h}_t^b$ で構成されます。

$$\boldsymbol{h}_t^f = \mathrm{F}^f(\boldsymbol{h}_{t-1}^f, \boldsymbol{x}_t), \qquad \boldsymbol{h}_t^b = \mathrm{F}^b(\boldsymbol{h}_{t+1}^b, \boldsymbol{x}_t)$$

ここで、$\boldsymbol{h}_t^f$ は $\boldsymbol{x}_1$ から $\boldsymbol{x}_t$ までを F^f を使って順方向に、$\boldsymbol{h}_t^b$ は $\boldsymbol{x}_K$ から $\boldsymbol{x}_t$ までを F^b を使って逆方向に処理した結果になっています。また、双方向 RNN は各時刻 t で $\boldsymbol{h}_t^f$ と $\boldsymbol{h}_t^b$ を連結したベクトルを出力します。

$$\boldsymbol{h}_t = \begin{bmatrix} \boldsymbol{h}_t^f \\ \boldsymbol{h}_t^b \end{bmatrix}$$

5.1.2 long short-term memory

さて、RNN の学習には**勾配消失問題** (vanishing gradient problem) および**勾配爆発問題** (exploding gradient problem) があることが知られています。誤差逆伝播法を用いて RNN の

学習を行う際，勾配は処理される方向とは逆の方向に伝播されていくことになります．勾配消失・爆発の問題は，勾配が逆方向へ伝播されていくうちに非常に小さな値となって消失する，もしくは逆に大きな値となって爆発する問題です．RNN は理論的には系列に含まれる全ての要素の情報を考慮することができますが，単純な RNN を用いた場合には安定した学習が行えず，特に時刻の離れた要素の情報をうまく保持できないことが知られています．

LSTM は，単純な RNN の持つ勾配消失，爆発の問題に対処するための工夫が施された RNN の一種で，最もよく使われているニューラルネットワークの構造の一つです．

LSTM の構造を理解する上で鍵となる仕組みがゲート (gate) です．ゲートを理解するための例として，あるベクトルから任意の要素のみを選択して新しいベクトルを作ることを考えましょう．この計算は，ベクトルの各要素について値を残す場合に 1，残さない場合に 0 を値として持つベクトル g を作り，任意のベクトル x に対して要素ごとの積 $y = g \odot x$ をとることで求められます．例えば，$g = \begin{bmatrix} 1 \\ 0 \\ 1 \end{bmatrix}$，$x = \begin{bmatrix} 1 \\ 2 \\ 3 \end{bmatrix}$ のとき，x の最初と最後の値のみが残って，

$$y = g \odot x = \begin{bmatrix} 1 \\ 0 \\ 3 \end{bmatrix}$$ となります．

LSTM で使われているゲートは，この仕組みを応用して微分を通じた学習を可能にしたものです．上の例では g の各要素に 0 か 1 の値を与えましたが，このベクトルの要素は不連続であり微分可能ではありません．そこで LSTM のゲートは，0 か 1 の値のかわりに微分可能なシグモイド関数を使うことで，0 から 1 の実数で構成されるベクトルを計算して用います．

それでは LSTM の具体的な構造を見ていきましょう．図 5.4 に LSTM の構造の概念図を示します．図を見ると，横向きの矢印が 2 本伸びていることがわかります．これらは上からセル状態ベクトル (cell state vector) c_t と隠れ状態ベクトル h_t に対応しています．直感的に

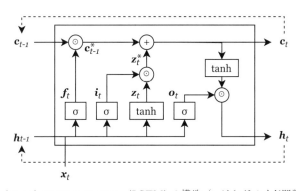

図 **5.4** long short-term memory (LSTM) の構造（σ はシグモイド関数を表す）

第 5 章

固有表現認識モデルの実装

理解するためにこれらのベクトルの役割を脳の機能でたとえると，セル状態ベクトルは長期の記憶 (long-term memory)，隠れ状態ベクトルは短期の記憶 (short-term memory) に対応するものとして位置づけられています．また，この 2 つを合わせてこの構造は long short-term memory と呼ばれています．

LSTM の関数 $\mathrm{F_{LSTM}}$ は $\boldsymbol{h}_{t-1} \in \mathbb{R}^{D^h}$，$\boldsymbol{c}_{t-1} \in \mathbb{R}^{D^h}$，$\boldsymbol{x}_t \in \mathbb{R}^{D^i}$ を受け取り，$\boldsymbol{h}_t$ と $\boldsymbol{c}_t$ を出力します．

$$\mathrm{F_{LSTM}}(\boldsymbol{h}_{t-1}, \boldsymbol{c}_{t-1}, \boldsymbol{x}_t) = \begin{bmatrix} \boldsymbol{h}_t \\ \boldsymbol{c}_t \end{bmatrix}$$

LSTM の構造でゲートと並んで鍵となるのがセル状態ベクトルです．LSTM には，ゲートを使って制御しながらセル状態ベクトルに適切に情報を入れる仕組みが実装されています．具体的には，LSTM には忘却ゲート (forget gate)，入力ゲート (input gate)，出力ゲート (output gate) の 3 つのゲートが組み込まれていて，それぞれ $\boldsymbol{f}_t \in \mathbb{R}^{D^h}$，$\boldsymbol{i}_t \in \mathbb{R}^{D^h}$，$\boldsymbol{o}_t \in \mathbb{R}^{D^h}$ がこれらのゲートに対応するベクトルになっています．

$$\boldsymbol{f}_t = \sigma(\boldsymbol{W}^f \boldsymbol{h}_{t-1} + \boldsymbol{U}^f \boldsymbol{x}_t), \qquad \boldsymbol{W}^f \in \mathbb{R}^{D^h \times D^h}, \ \boldsymbol{U}^f \in \mathbb{R}^{D^h \times D^i}$$

$$\boldsymbol{i}_t = \sigma(\boldsymbol{W}^i \boldsymbol{h}_{t-1} + \boldsymbol{U}^i \boldsymbol{x}_t), \qquad \boldsymbol{W}^i \in \mathbb{R}^{D^h \times D^h}, \ \boldsymbol{U}^i \in \mathbb{R}^{D^h \times D^i}$$

$$\boldsymbol{o}_t = \sigma(\boldsymbol{W}^o \boldsymbol{h}_{t-1} + \boldsymbol{U}^o \boldsymbol{x}_t), \qquad \boldsymbol{W}^o \in \mathbb{R}^{D^h \times D^h}, \ \boldsymbol{U}^o \in \mathbb{R}^{D^h \times D^i}$$

これらのベクトルにはシグモイド関数 σ が適用されていて，ベクトルの値は 0 から 1 までになります．また，全てのベクトルは入力ベクトル $\boldsymbol{x}_t$ と 1 つ前の隠れ状態ベクトル $\boldsymbol{h}_{t-1}$ から計算されます．つまり新しい入力と以前の隠れ状態から，ゲートを使ってどの情報を選択するかが決定されます．

それでは，まず忘却ゲートから見ていきましょう．忘却ゲートはセル状態ベクトルから不要な情報を忘却させるためのゲートで，セル状態ベクトル $\boldsymbol{c}_t$ に対して直接適用されます．

$$\boldsymbol{c}_{t-1}^* = \boldsymbol{f}_t \odot \boldsymbol{c}_{t-1}$$

ここで $\boldsymbol{c}_{t-1}^* \in \mathbb{R}^h$ は前のステップのセル状態ベクトルから不要な情報を忘却させたベクトルです．

次に入力ゲートはセル状態ベクトルに入れる新しい情報を選択する仕組みです．まず入力ゲートに入力するベクトル $\boldsymbol{z}_t \in \mathbb{R}^h$ を下記のように計算します．

$$\boldsymbol{z}_t = \tanh(\boldsymbol{W}^z \boldsymbol{h}_{t-1} + \boldsymbol{U}^z \boldsymbol{x}_t), \qquad \boldsymbol{W}^z \in \mathbb{R}^{D^h \times D^h}, \ \boldsymbol{U}^z \in \mathbb{R}^{D^h \times D^i}$$

そして $\boldsymbol{z}_t$ からセル状態ベクトルに入力する情報を選択し，$\boldsymbol{z}_t^* \in \mathbb{R}^h$ を計算します．

$$z_t^* = i_t \odot z_t$$

そして新しいセル状態ベクトル c_t を，忘却ゲートと入力ゲートを用いて計算された c_t^* と z_t^* の和で計算します．

$$c_t = c_{t-1}^* + z_t^*$$

次に出力ゲートを使って，新しい隠れ状態ベクトル h_t を計算します．h_t は，計算した新しいセル状態ベクトル c_t に tanh 関数を適用したものに出力ゲートを適用することで計算します．

$$h_t = o_t \odot \tanh(c_t)$$

また，前述した方法で入力系列を双方向に処理するようにした LSTM を**双方向 LSTM** (bidirectional LSTM) と呼びます．

$$\mathrm{F}_{\mathrm{LSTM}}^f(h_{t-1}^f, c_{t-1}^f, x_t) = \begin{bmatrix} h_t^f \\ c_t^f \end{bmatrix}, \quad \mathrm{F}_{\mathrm{LSTM}}^b(h_{t+1}^b, c_{t+1}^b, x_t) = \begin{bmatrix} h_t^b \\ c_t^b \end{bmatrix}, \quad h_t = \begin{bmatrix} h_t^f \\ h_t^b \end{bmatrix}$$

本章での固有表現認識のモデルには，この双方向 LSTM を用います．

5.2　データセットのセットアップ

本章では固有表現認識のデータセットとして 1.1 節で紹介した京都大学ウェブ文書リードコーパスを使います．このデータセットではウェブから取得した 5,000 件の文書の冒頭の 3 文に対して品詞や固有表現ラベルなどのアノテーションが付与されています．ウェブから取得した文書にはニュース記事，百科事典記事，ブログ，商用ページなどの様々な種類が含まれています．アノテーションされている固有表現ラベルのリストを表 5.1 に示します．

まずデータセットを AllenNLP に付属しているデータセットリーダである `Conll2003 DatasetReader` で読み込める形式に変換します．このデータセットリーダは，自然言語処理の国際会議 CoNLL にて 2003 年に開催されたコンペティションで採用された標準的なフォーマットに準じたデータセットを読み込むことができます．

まずデータセットをダウンロードします．

表 5.1　京都大学ウェブ文書リードコーパスの固有表現の一覧

型名	説明
ORGANIZATION	組織名
PERSON	人名
LOCATION	地名
ARTIFACT	固有物名[1]
DATE	日付表現
TIME	時間表現
MONEY	金額表現
PERCENT	割合表現

```
!mkdir -p data/kwdlc
!git clone https://github.com/ku-nlp/KWDLC.git data/kwdlc/repo
```

　次にダウンロードしたデータセットを Conll2003DatasetReader で読み込める形式に変換します．まずデータセットの変換の際に必要な pyknp ライブラリをインストールします．

```
!pip install pyknp==0.5.0
```

　ウェブ文書リードコーパスでは，**形態素** (morpheme) と**基本句**の 2 つの単位に対してアノテーションが付与されています．形態素は，これまでの章で「単語」として扱ってきたもので，意味を持つ最小の言葉の単位を表します．また基本句は，1 つの自立語（単独で基本句が作れる形態素のことで，名詞や動詞，形容詞など）と 0 個以上の付属語（単独では基本句が作れない形態素のことで，助詞や助動詞など）で構成されます．

　例えば，「私は新宿区役所に行く」という例文を，形態素と基本句に分割すると下記のようになります．

- 形態素：私, は, 新宿, 区役所, に, 行く
- 基本句：私は, 新宿, 区役所に, 行く

　ここで分割された基本句「私は」の「は」，「区役所に」の「に」は付属語であるため，それぞれ自立語である「私」，「区役所」に連結されています．

　ウェブ文書リードコーパスでは，固有表現の末尾の形態素が含まれる基本句に対して固有表現ラベルが付与されています．固有表現認識では，各形態素（単語）にラベルを付ける必要があるため，各形態素に対して固有表現ラベルを振り直す必要があります．この処理を行う関数 add_ne_tag_to_mrphs を定義します．この関数は文 (sentence) に含まれる基本句 (tag) を順に処理して固有表現のラベルを抜き出し，抜き出した固有表現ラベルに対応する各形態素に対してラベルを付与します．

---

1)　人間の活動によって作られた具体物，抽象物を含む固有の物の名称を指します．

```
import glob
import random
import re
from pyknp import BList


def add_ne_tag_to_mrphs(sentence):
    """基本句に付与されている固有表現ラベルを各形態素に付与"""
    # 文（sentence）に含まれる基本句（tag）を順に処理
    for tag in sentence.tag_list():
        # 基本句に<NE:LOCATION:新宿区役所>のような形式で付与されている固有表現
        # ラベルを正規表現を使って抜き出す
        match = re.search(r"<NE:(.+?):(.+?)>", tag.fstring)

        # 固有表現ラベルがなかった場合は飛ばす
        if not match:
            continue

        # 固有表現の型（例:LOCATION）と文字列（新宿区役所）を ne_type, ne_text に格納
        ne_type, ne_text = match.groups()

        # 曖昧性が高いなどの理由によりラベル付けが困難なものには OPTIONAL ラベルが
        # 付与されており，このラベルは対象としない
        if ne_type == "OPTIONAL":
            continue

        # 基本句に含まれる形態素を逆順に処理
        for mrph in reversed(tag.mrph_list()):
            # 固有表現末尾の形態素を探す
            if not ne_text.endswith(mrph.midasi):
                continue

            # 固有表現の末尾の形態素から逆順に文中の形態素をたどっていき
            # 固有表現に含まれる全ての形態素の ID 列を得る
            ne_mrph_ids = []
            ne_string = ""
            for i in range(mrph.mrph_id, -1, -1):
                ne_mrph_ids.insert(0, i)
                ne_string = sentence.mrph_list()[i].midasi + ne_string
                if ne_string == ne_text:
                    break

            # 各形態素に固有表現ラベルを付与
            for i, ne_mrph_id in enumerate(ne_mrph_ids):
```

```
        target_mrph = sentence.mrph_list()[ne_mrph_id]
        # 固有表現の先頭はラベル B，それ以外はラベル I
        target_mrph.fstring += "<NE:{}:{}/>".format(
            ne_type, "B" if i == 0 else "I")
```

次にデータセットを Conll2003DatasetReader で読み込める形式に書き出す write_file 関数を定義します．

```
def write_file(out_file, documents):
    """データセットをファイルに書き出す"""
    with open(out_file, "w") as f:
        for document in documents:
            for sentence in document:
                for mrph in sentence.mrph_list():
                    match = re.search(r"<NE:(.+?):([BI])/>", mrph.fstring)
                    if match:
                        # B-PERSON のような形式の固有表現ラベルを作成
                        ne_tag = "{}-{}".format(match.group(2), match.group(1))
                    else:
                        # 固有表現ラベルがない場合は"O"ラベルを付与
                        ne_tag = "O"
                    # 1 列目に単語，4 列目に固有表現ラベルを書く
                    # それ以外の列は利用しない
                    f.write("{} N/A N/A {}\n".format(mrph.midasi, ne_tag))
                f.write("\n")
```

定義した add_ne_tag_to_mrphs 関数，write_file 関数を使ってデータセットを変換します．データセットは data/kwdlc/repo/knp/以下に複数のファイルで格納されています．これらのファイルを pyknp ライブラリの BList クラスで文単位で読み込みます．

```
documents = []
# データセットに含まれる各ファイルを順に読み込む
for doc_file in sorted(glob.glob("data/kwdlc/repo/knp/*/*", recursive=True)):
    sentences = []
    with open(doc_file) as f:
        # ファイルに含まれる文とその固有表現ラベルを読み込む
        buf = ""
        for line in f:
            buf += line
            # EOS は文末を示す
            if "EOS" in line:
```

```
                sentence = BList(buf)
                add_ne_tag_to_mrphs(sentence)
                sentences.append(sentence)
                buf = ""
    documents.append(sentences)

# データセットをランダムに並べ替える
random.seed(1234)
random.shuffle(documents)

# データセットの80%を訓練データ，10%を検証データ，10%をテストデータとして用いる
num_train = int(0.8 * len(documents))
num_test = int(0.1 * len(documents))
train_documents = documents[:num_train]
validation_documents = documents[num_train:-num_test]
test_documents = documents[-num_test:]

# データセットをファイルに書き込む
write_file("data/kwdlc/kwdlc_ner_train.txt", train_documents)
write_file("data/kwdlc/kwdlc_ner_validation.txt", validation_documents)
write_file("data/kwdlc/kwdlc_ner_test.txt", test_documents)
```

　訓練データセット (kwdlc_ner_train.txt)，検証データセット (kwdlc_ner_validation.
txt)，テストデータセット (kwdlc_ner_test.txt) の3個のファイルが data/kwdlc に生成さ
れます．生成されたデータセットを見てみましょう．

```
!head -n5 data/kwdlc/kwdlc_ner_train.txt
```

```
自然 N/A N/A O
豊かな N/A N/A O
この N/A N/A O
場所 N/A N/A O
で N/A N/A O
```

　行単位で1列目に単語，4列目に固有表現ラベルが空白区切りで格納されています．また2
列目と3列目は，本章では利用しないため「N/A」となっています．

5.3 モデルの開発

5.3.1 実 装

図 5.5 に本章で実装する固有表現認識モデルのアーキテクチャを示します.

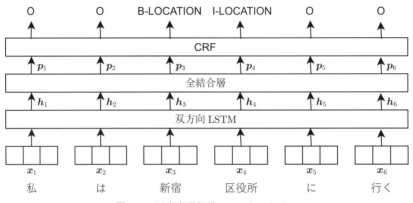

図 5.5 固有表現認識のアーキテクチャ

固有表現認識のモデルでは,ラベル間の依存性を考慮した予測を行うことが重要です.ラベル間の依存性の例として,下記のようなものがあります.

- 「B-PERSON」の次には必ず「I-PERSON」か「O」が来る
- 「O」の次に「I-PERSON」が来ることはできない
- 「I-DATE」の次に「B-TIME」が来ることが多い(日付と時刻はあわせて表記されることが多いため)

こうしたラベル間の依存性を考慮するため,本章で作成するモデルでは双方向 LSTM に加えて**条件付き確率場** (conditional random fields, CRF) を使います[2].

それではモデルについて解説していきます.まず,入力文書に含まれる単語列に対応する単語エンベディング列 $x_1, x_2, ..., x_K$ を計算します.ここで単語エンベディング列を行列にまとめたものを $X = [x_1; x_2; \cdots; x_K]$ と表記します.単語エンベディング列を双方向 LSTM に入力し,各単語に対応する隠れ状態ベクトル h_t を計算します.次にこのベクトルを全結合層に入力しラベル数 L[3] と同じ次元に変換し,スコア $p_t \in \mathbb{R}^L$ を計算します.

---

2) 本書では隣接した 2 つのラベルの依存性のみを考慮する**直鎖 CRF** (linear-chain CRF) のみを扱います.

3) 各固有表現ラベルに「B-」または「I-」を付与して,「O」ラベルを加えると,ラベル数 $L = 2 \times$ 固有表現ラベル数 $+ 1$ になります.

$$p_t = W^c h_t + b^c$$

ここで，$W^c \in \mathbb{R}^{L \times D^h}$，$b^c \in \mathbb{R}^L$ は全結合層のパラメータです．

CRF は任意のラベルの組に対して，遷移しやすさを表すスコアを割り振ります．このスコアを格納した行列を A とします．ここでは，L 個のラベルに入力の開始と終了を示す 2 つのラベルを加えて合計 $L + 2$ 個のラベルを扱います．このため A は $(L + 2) \times (L + 2)$ の行列です．行列 A の i 行 j 列目の値 $A_{i,j}$ は，i 番目のラベルから j 番目のラベルへの遷移しやすさのスコアを表します．また，0 番目，1〜L 番目，$L + 1$ 番目のラベルはそれぞれ入力の開始，BIO ラベル，入力の終了に対応します．なお，行列 A はモデルの訓練時に更新されるパラメータです．

CRF は任意の長さ K のラベル列に対してスコアを割り当てます．あるラベル列 $y = y_1$, $y_2, ..., y_K$ のスコアは p_t と A を使って下記のように計算されます．

$$s(X, y) = \sum_{t=1}^{K} p_{t,y_t} + \sum_{t=0}^{K} A_{y_t, y_{t+1}}$$

ここで，p_{t,y_t} は，p_t に含まれるラベル y_t に対応するスコアで，y_0, y_{K+1} はそれぞれ入力の開始，終了を表すラベルです．最初の項が双方向 LSTM の出力を使って計算した単語単位のスコア，2 番目の項が CRF を使ってラベル列全体を考慮したスコアに対応します．

長さ K の全てのラベル列を含む集合を Y とすると，ラベル列 y に対応する確率は下記のように計算されます．

$$p(y|X) = \frac{\exp\{s(X, y)\}}{\sum_{y^* \in Y} \exp\{s(X, y^*)\}}$$

訓練時の損失関数には交差エントロピー損失関数を用います．また，推論時には，全てのラベル列の組み合わせの中から最大のスコアが割り当てられたラベル列 $\hat{y}$ を予測結果として使います．

$$\hat{y} = \operatorname*{argmax}_{y^* \in Y} s(X, y^*)$$

それではモデルを実装しましょう．まず設定ファイル全体を示した後に，必要な部分を解説します．

```
kwdlc_ner.jsonnet
{
    "random_seed": 1,
    "pytorch_seed": 1,
    "train_data_path": "data/kwdlc/kwdlc_ner_train.txt",
    "validation_data_path": "data/kwdlc/kwdlc_ner_validation.txt",
    "dataset_reader": {
```

```
        "type": "conll2003",
        "tag_label": "ner",
        "token_indexers": {
            "tokens": {
                "type": "single_id"
            }
        }
    },
    "data_loader": {
        "batch_size": 32,
        "shuffle": true
    },
    "validation_data_loader": {
        "batch_size": 32,
        "shuffle": false
    },
    "vocabulary": {},
    "datasets_for_vocab_creation": ["train"],
    "model": {
        "type": "crf_tagger",
        "label_encoding": "BIO",
        "text_field_embedder": {
            "token_embedders": {
                "tokens": {
                    "type": "embedding",
                    "embedding_dim": 300,
                    "pretrained_file":
        "https://dl.fbaipublicfiles.com/fasttext/vectors-crawl/cc.ja.300.vec.gz"
                }
            }
        },
        "encoder": {
            "type": "lstm",
            "input_size": 300,
            "hidden_size": 32,
            "bidirectional": true
        }
    },
    "trainer": {
        "cuda_device": 0,
        "validation_metric": "+f1-measure-overall",
        "optimizer": {
            "type": "adam"
```

```
        },
        "num_epochs": 10,
        "patience": 3,
        "callbacks": [
            {
                "type": "tensorboard"
            }
        ]
    }
}
```

　前章での設定と異なっているのはデータセットリーダ，モデル，トレイナの設定です．まずデータセットリーダの設定を見ていきます．データセットリーダとして Conll2003Dataset Reader〔conll2003〕を指定し，ラベルとして固有表現のラベル（データセットの各行の 4 列目に対応）を用いるように tag_label 属性に ner を指定します[4]．また，トークンインデクサには前章までと同様に SingleIdTokenIndexer〔single_id〕を使用します．

```
    "dataset_reader": {
        "type": "conll2003",
        "tag_label": "ner",
        "token_indexers": {
            "tokens": {
                "type": "single_id"
            }
        }
    },
```

　次にモデルの設定を見ていきます．モデルには CrfTagger〔crf_tagger〕を使います．CrfTagger は第 3 章と第 4 章で使った BasicClassifier と同様に allennlp.models に含まれるクラスの一つで，ベクトルの列を入力として，各ベクトルに対応する分類結果を CRF を使って予測する実装です．また label_encoding 引数には BIO 形式に対応する BIO を指定します．

　CrfTagger は，引数として入力文書をベクトル列に変換するテキストフィールドエンベダと，ベクトル列から新しいベクトル列を計算する **seq2seq** エンコーダを受け取ります．まずテキストフィールドエンベダには前章までと同様にトークンエンベダとして Embedding〔embedding〕を指定します．また，単語エンベディングとして Word2vec を改良した訓練済みの単語エンベディングである fastText[5] を用います．AllenNLP では pretrained_file 引

---

4)　ner は固有表現認識の英名である named entity recognition の頭字語です．

5)　https://fasttext.cc/

数に単語エンベディングのファイルの URL を指定することで，自動的にダウンロードして使うことができます．ここでは 300 次元の訓練済み日本語 fastText の URL を指定します．

　seq2seq エンコーダはベクトル列 (sequence) を受け取って処理を適用してベクトル列を出力する実装です．LSTM の実装である **LstmSeq2SeqEncoder**〔lstm〕は seq2seq エンコーダの一つとして実装されています．LSTM の入力サイズ (input_size) には単語エンベディングの次元数である 300，状態ベクトル $(\boldsymbol{h}_t, \boldsymbol{c}_t)$ の次元数 (hidden_size) には 32 を指定します．また双方向 LSTM を用いるため bidirectional 属性に true を設定します．

```
"model": {
    "type": "crf_tagger",
    "label_encoding": "BIO",
    "text_field_embedder": {
        "token_embedders": {
            "tokens": {
                "type": "embedding",
                "embedding_dim": 300,
                "pretrained_file":
     "https://dl.fbaipublicfiles.com/fasttext/vectors-crawl/cc.ja.300.vec.gz"
            }
        }
    },
    "encoder": {
        "type": "lstm",
        "input_size": 300,
        "hidden_size": 32,
        "bidirectional": true
    }
},
```

　また，訓練中の検証データセットでの評価指標として，次節で解説する F1 値を使用するため，トレイナの設定の validation_metric に+f1-measure-overall を指定します．ここで+サインは指標が大きい方が良いことを表しています．これによってモデルの訓練は patience で指定した 3 エポック連続して検証データセットでの F1 値が改善しなかった場合に早期終了します．

```
"trainer": {
    "cuda_device": 0,
    "validation_metric": "+f1-measure-overall",
    "optimizer": {
        "type": "adam"
    },
```

```
        "num_epochs": 10,
        "patience": 3,
        "callbacks": [
            {
                "type": "tensorboard"
            }
        ]
    }
```

5.3.2 モデルの訓練

それでは allennlp train コマンドを用いてモデルを訓練しましょう．出力ディレクトリとして exp_kwdlc_ner ディレクトリを指定します．また作成した設定ファイルは kwdlc_ner.jsonnet に保存されているものとします．

```
!allennlp train --serialization-dir exp_kwdlc_ner kwdlc_ner.jsonnet
```

```
{
  "best_epoch": 5,
  "peak_worker_0_memory_MB": 4858.50390625,
  "peak_gpu_0_memory_MB": 139.017578125,
  "training_duration": "0:05:43.112099",
  "epoch": 8,
  "training_accuracy": 0.9995057163899502,
  "training_accuracy3": 0.9995551447509552,
  "training_precision-overall": 0.9901238438626744,
  "training_recall-overall": 0.9915227629513343,
  "training_f1-measure-overall": 0.9908228096320779,
  "training_loss": 1.5925453030260424,
  "training_worker_0_memory_MB": 4858.50390625,
  "training_gpu_0_memory_MB": 139.017578125,
  "validation_accuracy": 0.959210062301634,
  "validation_accuracy3": 0.9635594216527565,
  "validation_precision-overall": 0.6783831282952547,
  "validation_recall-overall": 0.457888493475682,
  "validation_f1-measure-overall": 0.5467422096316799,
  "validation_loss": 106.99599640042175,
  "best_validation_accuracy": 0.9610908663453627,
  "best_validation_accuracy3": 0.9655185925316406,
  "best_validation_precision-overall": 0.6810344827586206,
  "best_validation_recall-overall": 0.4685646500593119,
  "best_validation_f1-measure-overall": 0.5551651440617928,
```

```
   "best_validation_loss": 89.39922153248506
}
```

固有表現認識の評価には，一般的に **F1 値** (F1 measure) が用いられます．F1 値について述べる前に**適合率** (precision) と**再現率** (recall) について解説します．

モデルが出力した予測は，下記の 4 つのどれかにあてはまります．

- **真陽性** (true positive)：予測結果が陽であり，予測が正しい場合
- **偽陽性** (false positive)：予測結果が陽であり，予測が誤りの場合
- **真陰性** (true negative)：予測結果が陰であり，予測が正しい場合
- **偽陰性** (false negative)：予測結果が陰であり，予測が誤りの場合

ここで予測が陽であるとは，モデルが文書中の単語の範囲に B-型名および I-型名のラベルを付与し，固有表現として認識されたことを表します．図 5.5 の例では，「新宿区役所」が LOCATION 型の固有表現として認識されています．

適合率は，モデルが認識した固有表現の中で，その範囲および型がデータセットに付与されたラベルと一致している割合を示します．

$$適合率 = \frac{真陽性の数}{真陽性の数 + 偽陽性の数}$$

再現率は，データセットに含まれる全ての固有表現の中で，範囲および型が正しく検出された固有表現の割合を示します．

$$再現率 = \frac{真陽性の数}{真陽性の数 + 偽陰性の数}$$

F1 値は，これらの 2 つの指標の調和平均で計算されます．

$$F1\ 値 = 2 \cdot \frac{適合率 \cdot 再現率}{適合率 + 再現率}$$

このように F1 値は真陰性の予測を使わずに算出されます．固有表現認識では，文書中のほとんどの単語は固有表現ではなく真陰性の数が非常に大きくなるため，真陽性，偽陽性，偽陰性のみで計算できる F1 値がよく使われます．ここで，これらの指標は，単語単位ではなく，固有表現（単語の範囲）単位で計算されていることに注意してください．

さて，上の出力された指標の一覧を見ると検証データセットでの最も良い F1 値 (best_validation_f1-measure-overall)，適合率 (best_validation_precision-overall)，再現率 (best_validation_recall-overall) は，それぞれ約 0.56，0.68，0.47 となっています．

また，興味のある方は 4.4 節で紹介した方法で，`pretrained_file` の有無や `hidden_size`，`bidirectional` などについてハイパーパラメータ探索を行ってみてください．

5.3.3 性能の評価

モデルをテストデータセットで評価してみましょう.

```
!allennlp evaluate exp_kwdlc_ner/model.tar.gz data/kwdlc/kwdlc_ner_test.txt
```

```
accuracy: 0.96, accuracy3: 0.96, precision-overall:  0.64, recall-overall: 0.41,
  f1-measure-overall: 0.50, loss: 97.2
```

F1 値 (f1-measure-overall) で 0.50 のスコアが得られました.

5.4 出力の視覚化

最後にモデルが実際にどのような予測を行っているか調べるために検証データセットに含まれる文に対する予測結果を視覚化してみましょう. まず allennlp predict コマンドの --output-file 引数にファイル名を指定して検証データセットの予測結果をファイルに書き出します. ここで, データセットを設定ファイルで定義したデータセットリーダを使って読み込むように --use-dataset-reader 引数を指定します. また --silent 引数を指定して出力を抑制します.

```
!allennlp predict --output-file exp_kwdlc_ner/validation_predictions.json \
  --silent --use-dataset-reader exp_kwdlc_ner/model.tar.gz \
  data/kwdlc/kwdlc_ner_validation.txt
```

exp_kwdlc_ner/validation_predictions.json にモデルの出力が保存されます.

次にモデルの出力を視覚化するコードを作成します. ここでは spaCy[6] という自然言語処理のための Python ライブラリに含まれる displaCy という機能を使います. displaCy を使うと, 文書と文書中に含まれるエンティティの型および範囲を与えると, それらを視覚化して表示することができます.

まず spaCy をインストールしましょう.

```
!pip install spacy==3.0.6
```

displaCy は spaCy の文書を表す Doc クラスのインスタンスを入力として受け取ります. そこで, まず単語のリスト (words) と BIO ラベルのリスト (labels) から Doc インスタンスを作成する create_doc_instance 関数を定義します. この関数では, AllenNLP の bio_tags_

---

6) https://spacy.io/

to_spans 関数を使って，ラベルのリストをエンティティの型名と範囲を含んだタプルのリストに変換します．そして，それぞれのエンティティに対して spaCy の Span クラスのインスタンスを作成し，Doc インスタンスと紐付けます．

```python
import json
from allennlp.data.dataset_readers.dataset_utils.span_utils \
    import bio_tags_to_spans
from spacy import displacy
from spacy.tokens import Doc, Span
from spacy.vocab import Vocab

def create_doc_instance(words, labels):
    """単語のリストとラベルのリストからエンティティの情報を含んだ
       Doc インスタンスを作成"""
    # 単語のリストから Doc インスタンスを作成
    # ラベルのリストも Doc インスタンスに紐付ける
    doc = Doc(Vocab(), words=words, user_data={"labels": labels})

    # ラベルのリストをエンティティの型名と範囲を含んだタプルのリストに変換
    entities = bio_tags_to_spans(labels)

    spans = []
    # エンティティの型名と範囲のリストを個別に処理し，Span インスタンスのリストを作成
    for entity_type, (start, end) in entities:
        # エンティティの開始・終了位置，型名を使って Span インスタンスを作成
        # 終了位置として bio_tags_to_spans 関数はエンティティの範囲内の最後の
        # 単語の位置を返すが，Span クラスにはエンティティの最後の単語の次の
        # 単語の位置を指定する必要があるため，end + 1 とする
        span = Span(doc, start, end + 1, entity_type)
        spans.append(span)
    # Doc インスタンスに Span インスタンスのリストを紐付ける
    doc.set_ents(spans)
    return doc
```

次に下記のコードで，モデルが出力した予測結果と，正解データを読み込みます．

```python
# モデルの予測結果を読み込む
output_docs = []
with open("exp_kwdlc_ner/validation_predictions.json") as output_file:
    for line in output_file:
        result = json.loads(line)
        doc = create_doc_instance(result["words"], result["tags"])
```

```
        output_docs.append(doc)

# データセットから正解データを読み込む
gold_docs = []
with open("data/kwdlc/kwdlc_ner_validation.txt") as gold_file:
    words, labels = [], []
    for line in gold_file:
        line = line.rstrip("\n")
        if line:
            # 単語（1 列目），固有表現ラベル（4 列目）以外は利用しない
            word, _, _, label = line.split(" ")
            words.append(word)
            labels.append(label)

        # 空行が文の切れ目
        else:
            doc = create_doc_instance(words, labels)
            gold_docs.append(doc)
            words, labels = [], []
```

　次に，検証データセットの最初から 300 件の文のうち，モデルの予測結果もしくは正解デー
タのどちらかにエンティティが含まれるものについて視覚化を行います．

　displaCy の render 関数に Doc インスタンスを入力すると，視覚化された結果が表示され
ます．render 関数には，style 引数にエンティティの視覚化を行うことを表す ent，Google
Colab での視覚化を有効化するため jupyter 引数に True を渡します．また options 引数を
使って，データセットに含まれるエンティティの型ごとに色を設定します．

```
import warnings

# 与えられた文にエンティティがない場合に displaCy が表示する警告を無効化
warnings.simplefilter("ignore")

# エンティティの型に設定する色
ENTITY_COLORS = {
    "ARTIFACT": "#55efc4",
    "DATE": "#81ecec",
    "LOCATION": "#74b9ff",
    "MONEY": "#a29bfe",
    "ORGANIZATION": "#dfe6e9",
    "PERCENT": "#ffeaa7",
    "PERSON": "#fab1a0",
```

```
    "TIME": "#fd79a8",
}


# 検証データセットの最初から 300 件の文を順に処理
for output_doc, gold_doc in zip(output_docs[:300], gold_docs[:300]):
    # モデルの予測と正解データのどちらにもエンティティがない場合は飛ばす
    if not output_doc.ents and not gold_doc.ents:
        continue


    # モデルの予測と正解データのラベル列が一致していない場合は双方を表示する
    if output_doc.user_data["labels"] != gold_doc.user_data["labels"]:
        print("モデルの予測：")
        displacy.render(output_doc, style="ent", jupyter=True,
                        options={"colors": ENTITY_COLORS})
        print("正解：")
        displacy.render(gold_doc, style="ent", jupyter=True,
                        options={"colors": ENTITY_COLORS})
    else:
        displacy.render(output_doc, style="ent", jupyter=True,
                        options={"colors": ENTITY_COLORS})
    print("----------")
```

　モデルが出力した予測と正解データが一致していた場合は該当する予測結果が，一致していなかった場合はモデルの予測結果と正解データの双方が出力されます．

　正しく予測された 2 文を図 5.6，間違って予測された 2 文を図 5.7 に示します．日付表現（「1878 年」，「今週」）やあまり知られていない固有表現（「チチェスター」，「ストック」）はうまく予測できていないことがわかります．第 7 章では BERT を用いてこれらの予測を改善する方法を解説します．

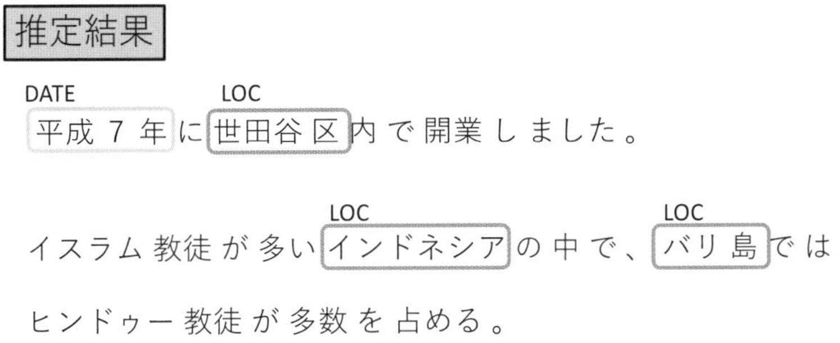

推定結果

DATE　　　　LOC
平成 7 年 に 世田谷区 内 で 開業 し ま し た 。

LOC　　　　　　　　　　LOC
イスラム 教徒 が 多い インドネシア の 中 で 、 バリ島 では

ヒンドゥー 教徒 が 多数 を 占める 。

図 **5.6**　正しく予測された文の例

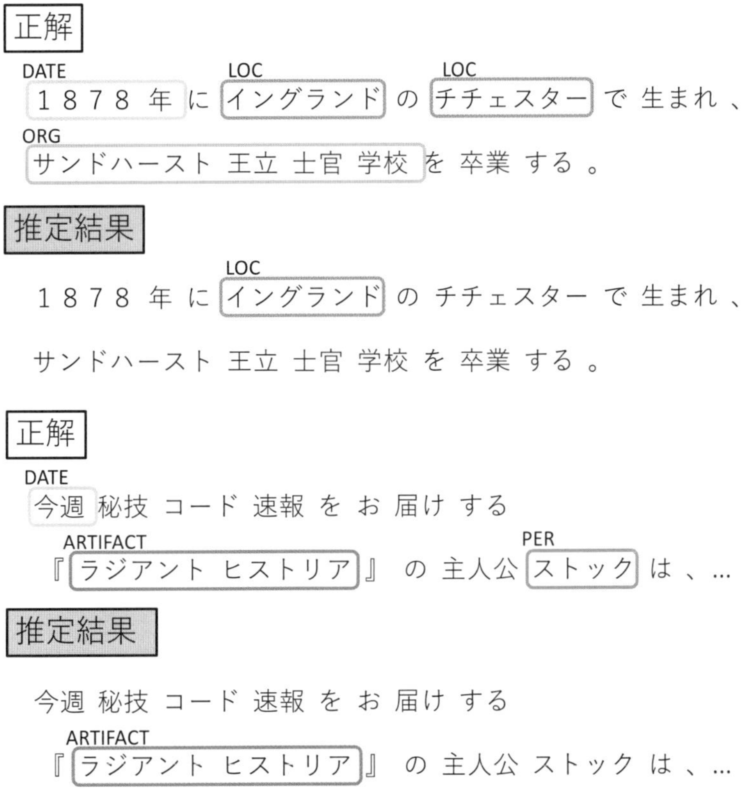

正解

DATE　　　　LOC　　　　　　LOC
1 8 7 8 年 に イングランド の チチェスター で 生まれ 、
ORG
サンドハースト 王立 士官 学校 を 卒業 する 。

推定結果

LOC
1 8 7 8 年 に イングランド の チチェスター で 生まれ 、

サンドハースト 王立 士官 学校 を 卒業 する 。

正解

DATE
今週 秘技 コード 速報 を お 届け する
　　　ARTIFACT　　　　　　　　　　　PER
『 ラジアント ヒストリア 』 の 主人公 ストック は 、 …

推定結果

今週 秘技 コード 速報 を お 届け する
　　　ARTIFACT
『 ラジアント ヒストリア 』 の 主人公 ストック は 、 …

図 **5.7**　間違って予測された文の例

第❻章 | BERTの背景とその理論

2018 年に Google が **BERT** (**B**idirectional **E**ncoder **R**epresentations from **T**ransformers) というモデルを発表し，多くのタスクで大幅な精度向上を達成しています[12][1]．本章および次章では AllenNLP で BERT を用いて日本語タスクを解く方法について説明します．

BERT の仕組み自体を理解することはそれほど難しいことではないかもしれません．しかし，この仕組みによって多くのタスクで大幅な精度向上をなぜ達成できるかはわかりにくいと思います．このことを理解するためには，BERT 以前のディープラーニングによる自然言語処理においてどのような弱点があり，また，どのような変遷を経て BERT にたどり着いたかを理解する必要があります．

そこで，AllenNLP で BERT を用いて日本語タスクを解く方法について説明する前に，本章では，BERT を理解するまでの準備を説明し（6.1 節），その上で，BERT 自体の解説をします（6.2 節）．

6.1 BERT を理解するまでの準備

6.1.1 BERT 以前のディープラーニングの問題点

前章までで説明したとおり，BERT 以前（2016 年から 2018 年あたり）のディープラーニングでは一般に以下の手順を踏んで学習されます（図 **6.1** も参照のこと）．

- あらかじめ，大規模テキストから Word2vec などで単語エンベディングを学習しておきます．

---

[1] arXiv で論文が公開されたのが 2018 年で，NAACL という国際会議に採択されたのが 2019 年です．

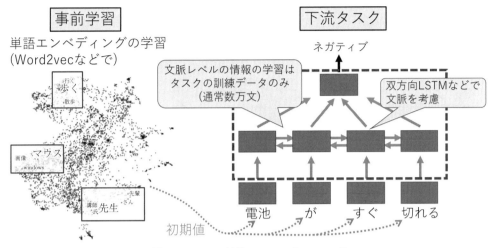

図 6.1 BERT 以前のディープラーニング

- 下流タスク (downstream task)[2) において，入力文または文章に双方向 LSTM や CNN を適用し，文脈に依存した単語エンベディングを得ます．このときに，双方向 LSTM や CNN への入力である単語エンベディングは先に学習しておいた単語エンベディングを初期値として用います．一番上に下流タスクを解くためのネットワークを追加します．

　双方向 LSTM や CNN は非常に優秀であるため，ディープラーニング以前の機械学習（サポートベクターマシンなど）よりも高性能であることが示されてきました．しかし，精度の上がり幅はそれほど大きくありませんでした．さらに精度を向上させるためにニューラルネットワークのモデルはどんどん複雑化していきましたが，下流タスクでの訓練データは一般に数万文程度であり，文脈をどう捉えればよいかは数万文のテキストからはうまく学習できず，いわば頭打ちの状態にありました．しかし，BERT の出現によりこの状況は打破され，様々なタスクで大幅な精度向上が達成されるようになりました．

　次項以降では BERT を理解するために必要な以下のキーワードを順に説明します．

- **自己教師あり学習** (self-supervised learning) と**転移学習** (transfer learning)：この 2 つの学習方式を組み合わせることにより，大規模テキストからのモデル学習が可能になります．
- **ELMo**[17]：文脈に依存した単語エンベディングを最初に提案したモデルです．BERT もこのモデルと同じく，文脈に依存した単語エンベディングを扱います．
- **Transformer**[24]：機械翻訳で生まれたモデルで，BERT のベースになっています．
- **GPT**[18]：「モデル共有アプローチ」を提案したモデルで，その考え方が BERT に引き継がれます．

---

2)　下流タスクとは大規模テキストで学習した後に行う，実際に解きたいタスクのことを指します．

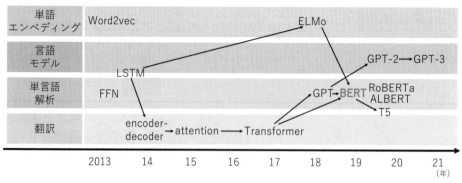

図 6.2 ディープラーニングによる自然言語処理手法の変遷

　図 6.2 にディープラーニングによる自然言語処理手法の変遷を示します．ここでは「単語エンベディング」「言語モデル」「単言語解析」「翻訳」の 4 つの観点に分け，主な手法の変遷を示しています．これらの手法を順に説明していきますが，ここではおおまかに，様々な手法が BERT に影響を及ぼしていることを理解していただければ十分です．

　BERT はこれまでの手法と大きく異なる方法を提案したのではなく，上記に挙げた点をうまく組み合わせています．ここからの話は少し複雑になるので，見通しを良くするために先に結論から言うと，「**BERT は大規模テキストで穴埋め問題をひたすら解き，それをもとに下流タスクを解く**」ことに行き着きます．一見すると，それだけでなぜ飛躍的な精度向上を達成できるのか，と思われるかもしれません．その謎をこれから丁寧に説明していきます．

6.1.2　自己教師あり学習

　機械学習の手法は大きく教師あり学習と教師なし学習に分類されます．教師あり学習についてはすでに第 1 章で説明しましたが，自己教師あり学習を導入するために，教師なし学習と対比させながら改めて説明します．図 6.3 で文書分類を例に説明します．

　教師あり学習ではまず，各文書に対して人手で「スポーツ」，「政治」などの正解ラベルを付与します．次に，入力文書から正解ラベルを推定できるようにモデルを学習します．そして，正解ラベルのわからない文書が与えられ，モデルはラベルを出力します[3]．

　一方，教師なし学習の代表例はクラスタリングで，文書間の類似度を単語の重複度などで定義し，類似した文書をまとめることにより，いくつかのクラスタを形成します．教師あり学習とは異なりラベルは存在しないので，クラスタには 1 番，2 番，... と番号がついているだけであり，人間がクラスタ内の文書を見て，「1 番はスポーツに関するクラスタである」のような判断をすることになります．

　3）　実際にはわかっているラベルを隠した状態でモデルに文書を入力し，モデルの出力と真のラベルがどれくらい一致するかを調べることにより精度を計算します．

教師あり学習 (supervised learning)　　教師なし学習 (unsupervised learning)

教師データ

スポーツ	政治	スポーツ
プロ野球は１０日、セ・パ両リーグで６試合が行われた。ＤｅＮＡ・山崎（右）…	任期満了に伴い１１日投開票で行われる郡山市議選は７日間にわたる舌戦も１０日を…	レアル・マドリードの久保建英は７月３１日、フェネルバフチェとの強化試合で…

スポーツ

第2シードで世界ランク2位の大坂なおみの4強進出はならなかった。昨年の全米オープンの…

クラスタリング

プロ野球は１０日、セ・パ両リーグで６試合が行われた。ＤｅＮＡ・山崎（右）…

第2シードで世界ランク2位の大坂なおみの4強進出はならなかった。昨年の全米オープンの…

レアル・マドリードの久保建英は７月３１日、フェネルバフチェとの強化試合で…

任期満了に伴い１１日投開票で行われる郡山市議選は７日間にわたる舌戦も１０日を…

クラスタ1

クラスタ2

図 6.3　教師あり学習と教師なし学習

図 6.4　自己教師あり学習

　自然言語処理の多くのタスクは教師あり学習に分類されます．通常，正解ラベルが付与されているのは数万文程度です．例えば，京都大学テキストコーパス[4]では新聞記事から抽出した約 4 万文に対して単語や構文の情報などが人手で付与されています[5]．一般に，正解ラベルは多い方がモデルの性能は良くなりますが，人手でラベルを付与するのには非常にコストがかかり，また，一貫性のあるラベル付与を行うのは非常に難しいため，「正解ラベルの数を数倍にすればモデルの性能が良くなるはずだ」というのは現実的には成り立ちません．

　そこで考案された学習方式が**自己教師あり学習** (self-supervised learning) です（図 6.4）．自己教師あり学習では入力自身から正解ラベルを自動生成します．例えば Word2vec では，文中のある単語（図中の「りんご」）とその周辺にある単語（図中の「食べた」）に着目し，

---

4)　https://nlp.ist.i.kyoto-u.ac.jp/?京都大学テキストコーパス

5)　ただし，近年非常に性能が向上した機械翻訳は例外で，100 万文から 1,000 万文くらいの正解データ（対訳ペア）が構築されています．機械翻訳のデータ構築も非常にコストがかかりますが，複数の言語で書かれた文書から半自動的に正解データを生成できる場合もあることから，正解ラベルを付与するよりも相対的にコストが低いと言えます．

「りんご」と「食べた」のペアを，実際に同じ文に出現しているという意味で正例，「食べた」のかわりに単語をランダムに選び（例えば「ツバメ」とします），「りんご」と「ツバメ」のペアを負例とし，これらを識別する問題を解きます．この問題を解くことによって単語エンベディングを学習します．学習方法の説明はここではしませんが，重要なことは正例と負例を人手によって与えるのではなく，自動的に（つまり機械的に）与えることができる，ということです．

　図の 2 番目の ELMo や GPT では言語モデルを自己教師あり学習のタスクとしています．言語モデルとは文脈（履歴）が与えられた上で次の単語を予測するタスクです．図中の例では「昨日 彼 は りんご を」までを与えて次の単語「食べた」を予測します．このタスクも文脈に対して次の単語を隠して正解とすることにより，正解を自動生成することができます．図の 3 番目の BERT では文中のある単語を隠し（マスクと言います），まわりの単語から隠された単語を予測します．これが冒頭で予告した「穴埋め問題」に相当します．

　このように，自己教師あり学習では教師あり学習の説明で述べた人手によるラベル付与を必要としません．したがって，この学習方式によって，Wikipedia やウェブテキストのような大規模なテキストを用いてモデルを学習することができます．自己教師あり学習は「人手によるラベル付けが必要ない」という意味で教師なし学習と呼ばれることもあります．ただし，上で説明した教師なし学習とは異なるので，注意が必要です．

6.1.3 転移学習

　「何かで学習したモデルを別の何かに転移する学習方式」のことを**転移学習** (transfer learning) と呼びます．定義が大変広い概念なのですが，自然言語処理で行われてきた転移学習の一つとして「新聞テキストでトークナイザ（形態素解析器）を学習し，学習したモデルをベースとし，ウェブテキストのようなくだけたテキストでさらに学習する」という設定があります．あらかじめ新聞テキストで一般的なモデルを学習しておき，学習したモデルをウェブテキストに適応させることにより，ウェブテキストだけで学習するよりも性能が良くなるという効果があります．

　BERT などで採用されている近年の転移学習は上記とは意味合いが異なります．図 **6.5** に示すように，Wikipedia などの大規模テキストを使って言語モデルなどのタスクであらかじめ学習しておき，それから，学習したモデルをベースとし，下流タスクで例えば評判分析などのタスクを解きます．大規模テキストを用いた学習を**事前学習** (pre-training) と呼び，下流タスクでの学習を**ファインチューニング** (fine-tuning) と呼びます．ここで着目すべき点は大規模テキストでのタスクと下流タスクは異なるということです．大規模テキストでのタスクを解きたいのではなく，そのタスクを解くことにより，より良いベクトル表現を得ることが目的となります．また，先に述べたとおり大規模テキストに対して人手によるラベル付与は困難です

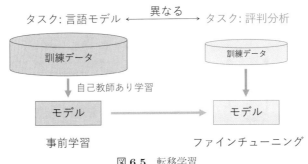

図 **6.5** 転移学習

ので，ここでは自己教師あり学習が用いられます．

　以上より，自己教師あり学習とここで説明した転移学習を組み合わせることによって，大規模テキストを利用した学習が可能となりました．

6.1.4 ELMo

　学習方式の話はここで一度終わりとし，次は単語エンベディングの話に移ります．Word2vec のような単語エンベディングでは「1 単語あたり 1 ベクトル」を仮定しています．これは明らかに粗い近似です．例えば，「マウス」には少なくとも「動物のマウス」と「コンピュータのマウス」の意味がありますし，「かける」には「橋をかける」，「醤油をかける」，「お金をかける」など，多くの意味があります．Word2vec の登場以降，多義語の問題に対応するために，各単語はそれぞれの意味に対応したベクトルを複数持つなどの取り組みが行われましたが，なかなかうまくいきませんでした．それは各単語にいくつ意味があるのかを推定しにくいということが一つの要因です．また，多くの単語は一つの意味しかないとみなせるため，Word2vec の粗い近似でも下流タスクでの性能はそれほど悪くならないので，多義語の対応はあまりされなくなりました．

　そのような状況の中，2018 年に **ELMo** (**E**mbeddings from **L**anguage **Mo**dels) というモデルが提案されました．先に少し述べたとおり，ELMo では言語モデルをタスクとして単語エンベディングを学習します．図 **6.6** の左を見てください．言語モデルのタスクでは例えば「昨日 パソコン の マウス」という文脈を読み，次の単語「を」を予測します．ELMo ではこれを LSTM を使ってモデル化します．2 層の LSTM を左から右に適用することにより一単語ずつ読み，「を」の予測確率が高くなるように LSTM のパラメータを学習します．そうすると，図中に示したところに，「マウス」より前の文脈を考慮した「マウス」のベクトルを得ることができます．

　図の例と異なる「マウス」の意味として，例えば「実験 用 の マウス を 育てた」という文で図と同じことをすると，図の場合とは異なるベクトルが得られ，意味の異なる「マウス」に

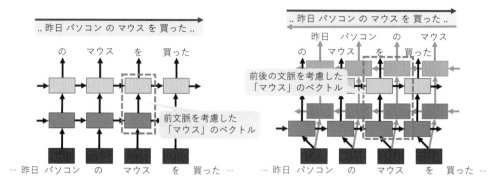

図 6.6   ELMo

対しては異なるベクトルを割り当てることができます．このようにして文脈に依存したベクトル表現を学習することができます．

「マウス」の意味の曖昧性の解消には「マウス」の前の文脈だけでなく，後ろの文脈も手がかりとすることができます．そこで，同じことを逆方向に，つまり，右から左に行うこともできます．両方向で行ったものが図 6.6 の右になります．逆方向に行っているものを青色で示しており，右から「買った を マウス」までを読み，前の単語「の」を予測します．

文脈に依存したベクトルを下流タスクで用いる場合は，まず，タスクの入力文に対し事前学習で学習した LSTM を適用し，図 6.6 の右に示したような青点線で囲ったベクトルを得ます．そして，下流タスクのニューラルネットワークの単語エンベディングとして用います．様々なタスクで ELMo を用いたところ，それ以前のモデルと比較し，一貫して大幅な精度向上が見られました．1 単語あたり 1 ベクトルという仮定を打破し，文脈に依存した単語エンベディングが得られ，非常に画期的でした．

しかし，ELMo には大きな問題点があります．図 6.6 の右において，「マウス」という単語の意味を捉える上で，「マウス」の左にある「パソコン」や「マウス」の右にある「買った」という単語が手がかりとなります．しかし，どうやっても左と右を同時に考えることができません．つまり，左から右（灰色）と右から左（青色）は合流せずに，独立に行われます．合流してしまうと，予測単語をカンニングしてしまうことになるからです．例えば，左から右方向に「昨日 パソコン の マウス」から「を」を予測するときに，逆方向の青色の LSTM と合流してしまうと「を」の情報が入ってきてしまいカンニングになってしまいます．この問題を解消するのが BERT の穴埋め問題ということになります．

6.1.5   Transformer

ここで話が機械翻訳に移ります．BERT で利用されている Transformer というモデルはもともと機械翻訳のモデルとして提案されました．本項ではまずエンコーダ・デコーダモデルと

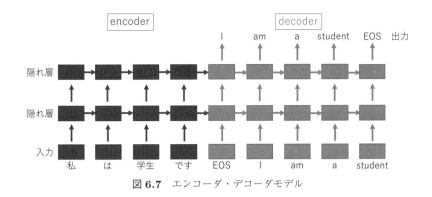

図 **6.7** エンコーダ・デコーダモデル

アテンション機構について説明し，その後，これらを発展させた Transformer について説明します．

6.1.5.1 エンコーダ・デコーダモデルとアテンション機構

2014 年に**エンコーダ・デコーダモデル**[6)] が提案されました（図 **6.7**）[23]．日本語から英語への翻訳を例として説明します．翻訳元の言語を原言語（この場合，日本語），翻訳先の言語を目的言語（この場合，英語）と呼びます．エンコーダ・デコーダモデルではまず原言語の単語を LSTM で 1 つずつ読んでいきます．この処理を**エンコーダ** (encoder) と呼びます．エンコーダの最後で原言語の情報を 1 つのベクトルとして表現します．次に，原言語のベクトル表現をもとに目的言語を一単語ずつ LSTM で生成します．この処理を**デコーダ** (decoder) と呼びます．機械翻訳は非常に長い歴史を持ち，様々なモデルが提案されてきましたが，このシンプルなエンコーダ・デコーダモデルでも翻訳ができることが示され，非常に驚かれました．

エンコーダとデコーダという名前から対称的な処理をしているように思われますが，以下に示すように異なりますので注意してください．

- エンコーダ：原言語の単語を LSTM で 1 つずつ読んでいくだけで，単語の出力は行いません．
- デコーダ：エンコーダの最後の原言語のベクトルが与えられ，目的言語の単語を LSTM で 1 つずつ読み，次の単語を出力します．訓練時とテスト時では以下のように異なります．
  - 訓練時：正解の単語を出力する確率が高くなるようにモデルを学習します．また次のステップでは正解の単語を入力に入れます[7)]．また，各ステップではそれ以降の入力単語を隠

---

6) seq2seq モデルとも呼ばれます．

7) 以下で説明するテスト時と同様にシステムの確率が最大となる単語を入力にすることも考えられますが，特に学習初期は誤りであることが多く，それを入力にすると学習が正しくない方向にいく可能性がありますので，正解の単語を入力に入れます．

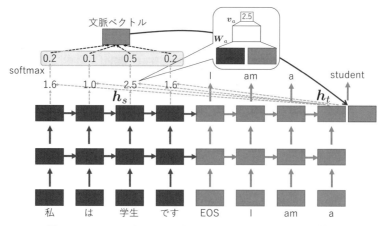

図 **6.8**　エンコーダ・デコーダモデルにおけるアテンション機構

す必要があります．なぜならそれらを参照してしまうとカンニングになってしまうからです．

- ○ テスト時：各ステップで出力する確率が最大となる単語を出力します．次のステップではシステムが出力した単語を入力に入れます．

　エンコーダ・デコーダモデルは英語とフランス語のような語順が類似した言語間では有効でした．しかし，単純に原言語の情報を数百次元のベクトルに集約し，そのベクトル表現から目的言語を生成する手法では，英語と日本語のような語順が異なる言語間の翻訳や，長い文の翻訳の場合，原言語と目的言語の単語間の関係性を捉えられないため，うまく翻訳できませんでした．

　そこで，考案されたものが**アテンション機構** (attention mechanism)[10,16] です．図 **6.8**の例では，「I am a」の「a」から次の単語「student」を生成するところを表しています．アテンション機構では，目的言語を生成するときに，原言語の各単語にどれくらい注目するかのスコアを計算し，そのスコアに基づき，原言語の**文脈ベクトル**を計算します．$\boldsymbol{h}_s$ を原言語のある単語のベクトル（LSTM の最後の隠れ層に相当します），$\boldsymbol{h}_t$ を目的言語において今翻訳しようとしている単語のベクトルとすると，$\boldsymbol{h}_s$ と $\boldsymbol{h}_t$ の関連度を，隠れ層が 1 層のニューラルネットワークで計算します（図 6.8 の吹き出し内に対応します）．

$$\mathrm{score}(\boldsymbol{h}_t, \boldsymbol{h}_s) = \boldsymbol{v}_a^\top \tanh\left(\boldsymbol{W}_a \begin{bmatrix} \boldsymbol{h}_t \\ \boldsymbol{h}_s \end{bmatrix}\right)$$

ここで，$\boldsymbol{W}_a, \boldsymbol{v}_a$ は学習するパラメータを表します．$\boldsymbol{h}_s, \boldsymbol{h}_t$ ともに D 次元，かつ，スコア計算用のニューラルネットワークの隠れ層の次元も D 次元だとすると，$\boldsymbol{W}_a \in \mathbb{R}^{D \times 2D}$ となり，$\boldsymbol{v}_a$

は D 次元のベクトルになります.

　原言語側の全ての単語とスコアを計算し，全ての単語にわたって softmax 関数を適用し，足して 1 になるように正規化します．この値が「どれくらい注意（アテンション）するか」を表します．図の例では，「学生」に 0.5 だけアテンションし，「私」と「です」には 0.2 だけアテンションします．そして，この値で重み付けし，原言語側の単語のベクトルを足し算します．このようにして計算されたベクトルは文脈ベクトルと呼ばれ，「a」から次の単語を生成する際に有用な原言語のベクトルとなります．このベクトルを「student」を生成する際の入力に追加します．

　アテンション機構を用いない場合，原言語の情報は図中で左から 1 単語ずつ LSTM によって伝わっていきますが，長い文になるとうまく伝えることができませんでした．しかし，アテンション機構を用いることによって，原言語の情報を文脈ベクトルという形で集約し，それをいわばショートカットする形で出力する手前に伝えることができます．なお，図 6.8 では「I am a」の「a」から次の単語「student」を生成するときを示していますが，デコーダの各ステップでは h_t が異なることから，原言語のどこにアテンションするかが異なり，それに応じて文脈ベクトルが異なります．ですので，各ステップでは原言語の情報をどのように文脈ベクトルという形で集約するかを変えながら単語を生成していることになります．

　アテンション機構により，語順が異なる言語間や長い文の場合でもうまく翻訳できるようになり，機械翻訳の性能は劇的に向上しました．その後，アテンション機構は機械翻訳だけでなく，単言語の解析（例えば日本語のみの解析）でも広く用いられるようになり，文または文章中から重要な部分にアテンションするということが可能となり，単言語の解析での精度向上にも寄与しました.

6.1.5.2 Transformer とは

　アテンション機構をさらに発展させ，2017 年に **Transformer** というモデルが提案されました．"Attention Is All You Need" というタイトルでも話題となった論文です[24]．上記で説明したエンコーダ・デコーダモデルでは原言語ならびに目的言語の文を読む際に LSTM を利用し，目的言語から原言語の方向にはアテンション機構を用いていましたが，このモデルでは LSTM を用いずにアテンションのみで翻訳を行います.

　Transformer は以下の大きな 2 つのポイントからなりますので，順に説明します.

1. query, key, value　　　2. セルフアテンション

(1)　query, key, value

　query, key, value という概念を導入します．これらの概念は key-value 型のデータベースの用語からきています．例えば，野菜を key，その値段を value としてデータベースに格納する

ことを考え，以下がデータベースに含まれているとします．ここで各行のことをメモリと呼ぶことにします．

- key: なす, value: 50 円
- key: 人参, value: 80 円
- key: バナナ, value: 30 円

　人参の値段を知りたい場合，人参を query としてデータベースに問い合わせ，key が一致するメモリからその value である 80 円を検索し，人参の値段を知ることができます．この query, key, value の概念を以下で用います．

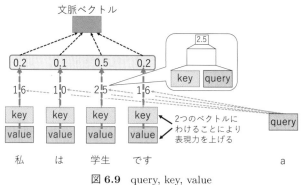

図 6.9 query, key, value

　図 6.9 を見てください．まず，左側の日本語部分を説明します．先ほどは日本語の各単語に対応するベクトルは 1 つでしたが，これを拡張し，各単語をメモリとみなし，各メモリは key ベクトルと value ベクトルからなるとします．上記のデータベースの例ですと key が野菜の名前である文字列，value が値段でしたが，ここではどちらもベクトルになっています．そして，右側の英語部分の例では「a」に対応するベクトルに query と名前を付け，日本語側の各単語にアクセスする，ということを考えます．先に説明したアテンション機構と同じように関連度を計算しますが，ここでは query ベクトルと各メモリの key ベクトルを用いて関連度を計算します．そして，そのスコアで各メモリの value ベクトルを重み付けし，文脈ベクトルを得ます．このように，key ベクトルは関連度の計算用，value ベクトルは文脈ベクトルの計算用，と役割を分けることにより，表現力を上げることができます．

(2)　セルフアテンション

　先に説明したアテンション機構では目的言語から原言語のどの単語に着目するかを求めていました．それに対して，**セルフアテンション** (self-attention) では同じ言語内で他のどの単語に着目するかを求めます．図 6.10 を見てください．通常のアテンションでは例えば目的言語

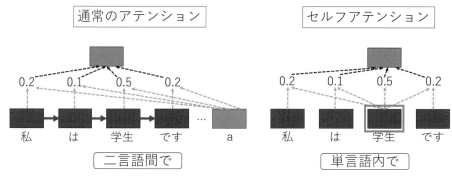

図 **6.10** 通常のアテンションとセルフアテンション

（この例では英語）の単語「a」から原言語（この例では日本語）の単語にアテンションしますが，セルフアテンションでは一つの言語（この例では日本語）の中でアテンションします．例えば，単語「学生」から日本語の他の単語（と自分自身）にアテンションします．これにより，文脈を考慮した「学生」のベクトルを得ることができます．これを他の単語についても同様に行い，各単語について文脈を考慮したベクトルを得ることができます．

　先に説明した通常のアテンション機構では原言語内と目的言語内では LSTM が使われていました．LSTM はそれより以前の RNN よりは高性能ですが，1 単語ずつ読んでいくことには変わりないので，遠く離れた単語の間の関係を捉えるのは困難です．Transformer では LSTM をセルフアテンションに置き換えることによって，遠く離れた単語の関係を捉えるのが容易になりました．

　次に，(1) で導入した query/key/value と (2) で導入したセルフアテンションを組み合わせます．図 **6.11** を参照してください．この日本語文において例えば，単語「学生」について考えます．「学生」の query ベクトルと，他の単語の key ベクトルを用いて，「学生」と他の単語の関連度を計算します．Transformer では関連度を query ベクトルと key ベクトルの内積で計算します．ここで，他の単語には自分自身（この例では「学生」）も含まれます．D_k を key ベクトルの次元とすると，関連度を $\sqrt{D_k}$ で割り算して正規化し，それから softmax 関数を適用します[8]．この値がアテンションのスコアになります．この例ですと，自分自身である「学生」に 0.5 の割合でアテンションし，「私」と「です」にそれぞれ 0.2 の割合でアテンションします．そして，アテンションのスコアで重み付けし，各単語の value ベクトルを足し算します．こうして得られたベクトルが文脈を考慮した「学生」のベクトル（つまり，この文脈で

---

8) $\sqrt{D_k}$ で割り算してから softmax 関数を適用すると，割り算の意味がないと思われるかもしれませんが，そうではありません．仮に，図の例で正規化をする前の値 (13, 8, 20, 13) に softmax 関数を適用すると，20 がほぼ 0.99 になって，後の値はほぼ 0 になります．ですので，$\sqrt{D_k}$ で割り算して値をならすことによって，最大の値をとる次元の値がほぼ 1 になることを防ぐ効果があります．

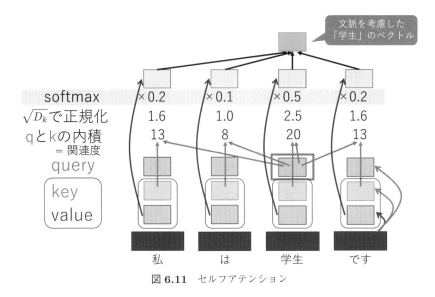

図 **6.11**　セルフアテンション

の「学生」のベクトル）になります．同じ処理を他の単語でも行い，文脈を考慮したベクトル
を得ます．

　ここまで説明した処理を行列で書くと以下のようになります．

$$\mathrm{softmax}\left(\frac{QK^{\top}}{\sqrt{D_k}}\right)V = Z$$

　ここで，Q, K, V はそれぞれ，各単語の query, key, value の転置ベクトルを縦に並べた行
列，Z は文脈を考慮した各単語のベクトルを縦に並べた行列を表します．論文中ではほぼこ
の形式で書かれますが，これでは何が書かれているのかよくわかりません．この数式を図で表
すと図 **6.12** のようになります．例えば，図中で青い太線で囲った部分は「学生」の query ベ
クトルと「私」の key ベクトルの内積をとっていることを表しています．他の部分について
も，図 6.11 で行っていることと，どう対応しているか，確認してみてください．LSTM の場
合は一単語ずつ処理せざるを得ませんでしたが，Transformer の場合，このように行列で計算
すると一挙に計算することができます．

　本節で説明した一連の処理を head と呼びます．head を複数用意し，並列に適用すること
により，様々な形の文脈を考慮したベクトルを得ることができます．これを **multiple heads**
と言います．

● ポジションエンベディング

　LSTM では時系列方向に行列を作用させることにより単語の位置情報が考慮されます．し
たがって，「私 は 学生 です」と「学生 私 は です」に対してそれぞれ LSTM を適用すると，

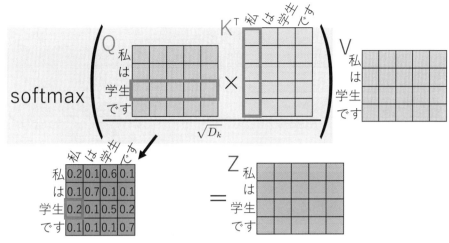

図 **6.12** Q, K, V の行列計算

得られる各単語のベクトルは異なります．しかし，これまで説明したセルフアテンションでは位置情報が考慮されません．「私 は 学生 です」であっても「学生 私 は です」であっても得られる各単語のベクトルが同じになってしまい，語順が考慮されません．

そこで，位置に関する情報をベクトルで与えます．これを**ポジションエンベディング** (position embedding) と呼びます．文中での単語位置 pos（先頭を 0 番目とします）のポジションエンベディングを考え，sin 関数と cos 関数を使ってそのエンベディングの次元 i の値 PE を次のように与えます．

$$\mathrm{PE}_{(\mathrm{pos},2i)} = \sin\left(\frac{\mathrm{pos}}{10000^{2i/D}}\right), \quad \mathrm{PE}_{(\mathrm{pos},2i+1)} = \cos\left(\frac{\mathrm{pos}}{10000^{2i/D}}\right)$$

ここで，D はベクトルの次元数を表します．この式の直感的な理解としては単語位置と次元について少しずつずらした値を与え，位置の情報を表していることになります．そして，単語のベクトルと位置のベクトルを足すことによってある単語がある位置にいることを表します．例えば「私 は 学生 です」という文における「私」のベクトルは単語「私」のベクトルと位置 0 番目のベクトルを足すことによって与えられます．位置ベクトルの各次元の値は固定されており，学習によって変化するものではありませんが，後述する BERT では学習するパラメータに変更されています．6.2 節で再度説明しますので，ここでは全体の流れをおおまかに理解できていれば十分です．

● **Transformer の全体像**

Transformer の全体像は図 **6.13** のようになります．これまで説明してきた一連の処理（図 6.11）を「self-attention」という箱で表します．その後にフィードフォワードネットワーク

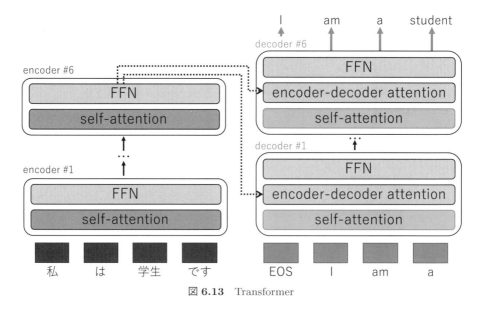

図 **6.13** Transformer

(FFN) を適用します．これは隠れ層一層のネットワークで，各単語のベクトルに対して同じ
ネットワークを適用します．この2つの処理を合わせたものが基本単位になります．これを
Transformer layer と呼びます．

　まず原言語内で Transformer layer を N 回適用します（元論文では N は6となっていま
す）．それぞれの Transformer layer は，形は同じですが，パラメータの値が異なります[9]．
Transformer layer を N 回適用することにより，原言語内の各単語について十二分に文脈を
考慮したベクトルを得ることができます．次に，目的言語側で一単語ずつ生成していきます．
図 6.13 は図 6.8 と同様に，「I am a」まで読み込んで，「student」を生成する状態を表してい
ます．目的言語側では，まずセルフアテンションを目的言語側のみに適用します．そして，原
言語の場合と異なり，セルフアテンションの後に原言語側も含めてアテンションします．こ
れを encoder-decoder attention と呼びます．これにより，例えば目的言語の「a」について，
まず目的言語内で文脈を考慮したベクトルを得て，その後に，原言語と目的言語全体において
文脈を考慮したベクトルを得ます．その後にフィードフォワードネットワークを適用します．
この3つの処理を合わせたものが基本単位になり，これを N 回適用します．最後に，単語を
生成します．なお，この図に示した他にもベクトルの値の正規化などの処理が行われています
が，省略しています．

　アテンション機構では原言語と目的言語間のみにアテンションが用いられ，原言語内と目的
言語内では LSTM が用いられていたのに対し，Transformer では原言語内と目的言語内とも

---

9)　Transformer layer それぞれのパラメータは異なる初期値から学習を始めると異なる値に収束していきます．

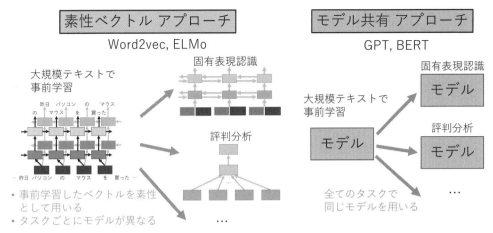

図 **6.14** 素性ベクトルアプローチとモデル共有アプローチ

にセルフアテンションに置き換えることによって，原言語，目的言語内でも遠く離れた単語間の関係が捉えられるようになり，非常に強力なモデルとなりました．

6.1.6 GPT

再び話は単言語の解析に戻ります．OpenAI という機関が 2018 年夏に **GPT** (Generative Pre-Training) というモデルを提案しました [18]．GPT はこれまでの自然言語処理の考え方を一変し，事前学習とファインチューニングで同じモデルを使い回し，また，様々なタスクで同じモデルを使います．図 **6.14** で説明します．

Word2vec やその発展版の ELMo は素性(feature) ベクトルアプローチと呼びます．素性ベクトルアプローチではまず大規模なテキストを使って各単語のベクトルを学習します．そして，下流タスクではタスク固有のニューラルネットワークが用いられ，そのネットワークにおいて単語エンベディングは大規模テキストで学習された単語エンベディングを素性（つまり単語の特徴量）として利用します．

これに対し，GPT ならびに BERT はモデル共有アプローチと呼びます[10]．モデル共有アプローチでは事前学習とファインチューニングで同じモデルを使い回します．モデルのベースは上記で説明した Transformer です．事前学習とファインチューニングで同じモデルを使い回すことによって，大規模テキストで文脈レベルの学習を行うことができ，それを初期値とし，下流タスクが解けるようにファインチューニングします．また，タスク固有のネットワークが不要となり，全てのタスクで強力な Transformer を用います．

GPT の全体像を図 **6.15** に示します．事前学習では大規模テキストを用いて ELMo と同じ

---

10)　BERT の論文では fine-tuning アプローチと呼ばれていますが，fine-tuning には様々な意味がありますので，ここではモデル共有アプローチという名前にしています．

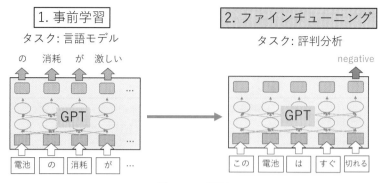

図 **6.15** GPT

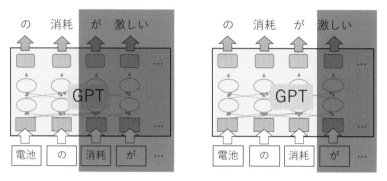

図 **6.16** GPT の事前学習

く言語モデルをタスクとして Transformer モデルを学習します．ファインチューニングでは，事前学習で学習したパラメータを初期値として，下流タスクが解けるようにパラメータを更新します．ラベルの出力（図 6.15 では評判分析のタスクにおける「negative」のラベルの出力）は入力文を全て読み込んでから一番後ろの単語の位置で行います．

　GPT の問題点は ELMo と同じく，言語モデルを事前学習タスクとしているので，文脈の後ろが参照できないことになります．図 **6.16** に示すとおり，例えば，「電池 の」まで読み込んで次の単語「消耗」を予測する場合，これより後ろを参照することができませんし，「電池 の 消耗」まで読み込んで次の単語「が」を予測する場合もこれより後ろを参照することができません．Transformer モデル自体は入力の全部を参照できますが，ELMo（6.1.4 項）やエンコーダ・デコーダモデルのデコーダ（6.1.5 項）のところで述べたようなカンニングが起こらないように，後ろの文脈は隠さないといけません．繰り返しとなりますが，BERT の「穴埋め問題」によってこの問題を解決します．

6.2 BERT

ようやく BERT にまでたどり着きました．図 6.17 でこれまでの流れをおさらいします．

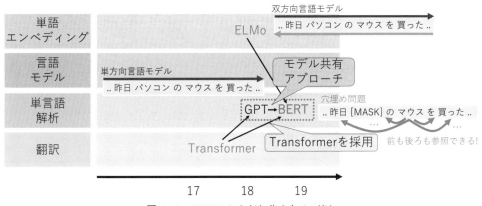

図 6.17 BERT にたどり着くまでの流れ

- 機械翻訳で提案された Transformer という強力なモデルをベースにしています．
- GPT で提案されたモデル共有アプローチを採用し，大規模テキストで事前学習を行い，下流タスクでファインチューニングします．
- ELMo や GPT で採用されていた，事前学習における言語モデルタスクは文脈の前後を同時に考慮することができないので，穴埋め問題を解くことに変更します．

　冒頭で BERT は **B**idirectional **E**ncoder **R**epresentations from **T**ransformers の略であることを述べました．ここで，「Bidirectional」（双方向）の部分が誤解されやすいです．Transformer はそもそも Bidirectional なのですが，GPT のように言語モデルをタスクとすると，カンニングしないように Unidirectional（単方向）にせざるを得ませんでした（再度図 6.16 を参照のこと）．BERT では解く問題を穴埋め問題にすることにより，本来の Bidirectional，つまり，前後の文脈を考慮するようにできたということになります．それからエンコーダ (Encoder) という表現が使われています．機械翻訳のようにデコードをしないのにエンコードという表現を用いるのは少し違和感がありますが，ここでは単言語に対して適用し各単語のベクトル表現を得る，という意味で用いられています[11]．図 6.18 に BERT の事前学習とファインチューニングの全体像を示します．

---

11) BERT が機械翻訳に使われているとよく言われますが，それは誤解です．

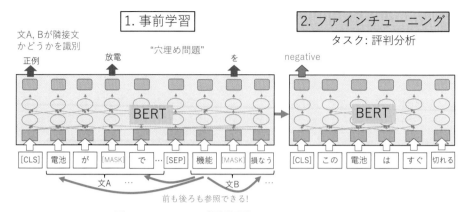

図 **6.18**　BERT の事前学習とファインチューニング

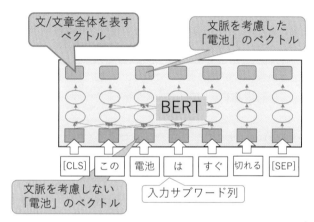

図 **6.19**　BERT のモデル

6.2.1　BERT のモデル構造

　先に述べたように Transformer のエンコーダ部分を用います．図 **6.19** にモデル構造を示します．Transformer のところ（6.1.5 項）で説明した図から少し変更し，BERT の原論文 [12] で用いられている図に似せています．BERT への入力はサブワード列になります．サブワードとは単語と文字の中間の単位で，詳しくは 6.2.2 項で説明します．

　まずサブワードそれぞれをベクトルに変換します（図 6.19 での灰色の四角い箱）．このベクトルは文脈を考慮していないものですので，例えば図中の「電池」は文脈を考慮しないベクトル，つまり，周りの単語が何であろうと同じベクトルに変換されます．青い大きい箱が Transformer 本体になります．その中にある薄く書かれた楕円が Transformer の 1 層に相当し，図 6.13 中のセルフアテンション (self-attention) とフィードフォワードネットワーク (FFN) を合わせた一つの箱に相当します．これを何度も適用することによって，各単語のベ

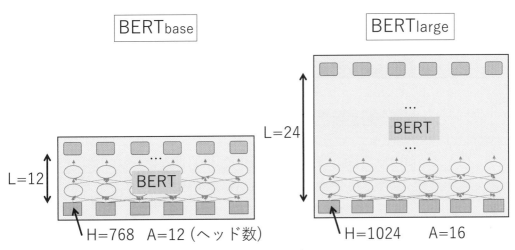

図 **6.20** BERT の base モデルと large モデル

クトルが徐々に文脈を考慮していき，最終的に得られるベクトルが十分に文脈を考慮したベクトルになります．青い Transformer の箱をブラックボックスと考えると，入力のサブワードに対して，それぞれ文脈を考慮したベクトル（青い小さな箱）を返す，と考えることができます．また，詳細については次項で説明しますが，先頭には [CLS] という特別なトークンを挿入し，このトークンの上の一番上の青い小さな箱が入力文，もしくは入力文が複数の場合は入力文章全体を表すベクトルになります．

　BERT では base モデルと large モデルの 2 種類が用意されています（図 6.20）．モデルの大きさを決めるハイパーパラメータは以下の 3 つです．

- 層数 (L)
- 隠れ層の次元数 (H)
- ヘッド数 (A)

　base モデルの場合，L=12, H=768, A=12 で，large モデルの場合，L=24, H=1024, A=16 となっており，総パラメータ数は base モデルで約 1 億個，large モデルで約 3 億個です．様々なタスクで large モデルの方が base モデルよりも高い精度を達成しています．3 つのハイパーパラメータのうち，層数が多いことが高精度を達成できる主要因になっています．層数が多いということは何度も何度も文脈を考慮しながらベクトル表現を精錬していくイメージで，これにより精度を高くすることができます．ただ，層数が多くなるとそれだけ速度が遅くなりますので，精度と速度のトレードオフからどちらのモデルを用いるかを決める必要があります．

　また，モデルのパラメータ数には関係しませんが，モデルの大きさに関係するものとして最大トークン数があります．これは BERT に入力するサブワード数の最大値で，この値より後

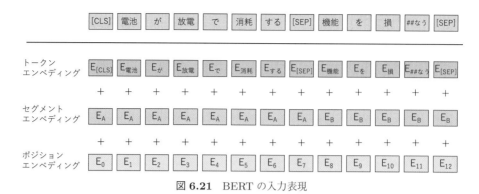

図 6.21 BERT の入力表現

ろのサブワードは考慮されなくなります．デフォルトでは512になっており，十文程度に対応します．この値を小さくすることによって，考慮されるサブワード数は少なくなりますが，計算量が少なくなって高速化することができます．7.2節で再度述べます．

6.2.2 入力表現

自然言語処理における入力は1文，文章または文ペアなど，様々ですが，BERTの場合，いずれのケースも入力文を連結しトークン列として表現します．図 6.21 において，一番上の灰色の箱で表されたものが入力トークン列です．先に述べたとおり，BERTでは入力の最小単位としてサブワードを採用しています．サブワードは単語と文字の中間の単位です．いかなるニューラルネットワークのモデルにおいても語彙数を数万（例えば3万）などの数に決める必要がありますが[12]，単語を基本単位とすると，語彙に入らない単語は未知語 (unknown word, UNK) となってしまいます．一方，文字を基本単位とすると，未知語は限りなくゼロに抑えられますが，文字ベクトルの集合から元の単語の意味を合成することは困難です[13]．そこで単語と文字の中間の粒度としてサブワードという単位が採用されています．

例えば "superpower" という単語は "super" と "##power" の2つのサブワードに，"embeddings" という単語は "em"，"##bed"，"##ding"，"##s" の4つのサブワードに分割されます．ここで，"##" から始まるサブワードは単語内で先頭ではないことを示しています．サブワードを採用することにより，できるだけ未知語を減らし，かつ，サブワードから元の単語の意味が合成できることを実現しています．

入力トークン列の先頭には特別なトークンである [CLS] トークンを挿入します．先に述べたとおり，[CLS] トークンに対応するベクトルが入力全体を表すベクトルになります．また，

---

12)　これは，(a) 語彙数をかなり大きくすると低頻度の単語はテキストで数回しか出現しないことになりそのベクトルが十分に学習されなくなってしまうことや，(b) メモリの制約などの理由からです．

13)　例えば「スパゲッティー」という単語の意味を「ス」「パ」「ゲ」「ッ」「テ」「ィ」「ー」の各文字ベクトルから合成するのは困難です．

入力の終わり，もしくは，以下で述べるセグメントの間には [SEP] トークンが置かれ，セグメントの区切れ目を表します．

各トークンは以下の3種類のエンベディングの和で表されます．いずれのエンベディングも事前学習およびファインチューニングで学習されるパラメータです．

● トークンエンベディング (token embedding)：通常のニューラルネットワークモデルと同様に，単語をベクトルにしたものです．
● セグメントエンベディング (segment embedding)：入力が文・文章ペアである場合に前者をセグメント A，後者をセグメント B と呼び，どちらのセグメントに属している単語であるかを区別するためのベクトルです．
● ポジションエンベディング (position embedding)：Transformer と同様に位置情報をエンベディングで表します．Transformer の場合は固定値で与えていたのに対し，BERT では学習するパラメータとします．

例えば，セグメント A にある1番目の単語である「電池」のエンベディングは「電池」のベクトル，セグメント「A」のベクトル，位置「1」のベクトルの和で表現されます．このように得られたエンベディングの列に対して Transformer layer を繰り返し適用し，文脈を考慮した各サブワードのベクトルを得ることができます．

6.2.3 事前学習

ここまでで BERT のモデル構造と入力表現を説明しました．ここからはどのようにモデルを学習するかを説明します．まず，大規模なテキストを使って以下の2つのタスクで事前学習します．どちらのタスクも人手による正解を付与する必要がありませんので，上述した自己教師あり学習になります．

1.マスク言語モデル　　　2.次文予測タスク

（1）　マスク言語モデル

マスク言語モデル (masked language model) では，ランダムに選んだ単語を [MASK] というトークンに置き換え，まわりの単語からこの単語を推測する問題，いわゆる，「穴埋め問題」を解きます．穴埋め問題を解くには文法的，ならびに，意味的な知識を学習する必要があります．例えば図 6.22 で，マスクされた「放電」という単語を周辺の単語から予測するには，「〜で」の「〜」に入る単語は名詞であることが多いという文法的な情報や，電池が消耗する原因には「放電」があるという意味的な情報などを学習することが要求されます．このような穴埋め問題をひたすら解くことによって，言語の文法・意味的な知識を学習することができます．なお，下記で説明する次文予測タスクと同時に学習が行われるので，2文（文 A と文 B）

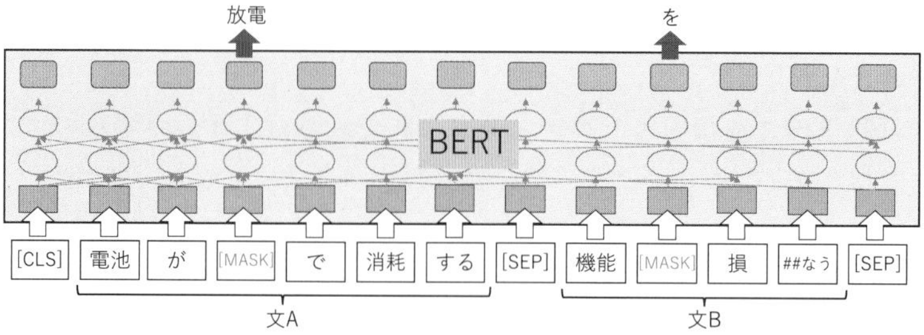

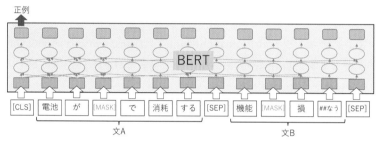

図 **6.22** マスク言語モデル

図 **6.23** 次文予測タスク

を連結したものが入力になります．

(2) 次文予測タスク

　質問応答やテキスト含意認識[14]などのタスクでは，2 文間の関係を捉える必要があります．そこで，**次文予測** (next sentence prediction) タスクを解きます．具体的には 50% は実際に存在する次の文をつなげて正例とし，残りの 50% はランダムに選んだ文をつなげて負例とし，これらを識別する問題を解きます．図 **6.23** の例ではこれらの 2 文は実際に存在する文をつなげたものですので，正例となります．このタスクは BERT 以降の論文であまり効果がないと報告されています．いくつか要因があるのですが，一番大きな要因はこのタスクが非常に簡単で，このタスクを解いてもモデルが鍛えられないということです．

　一般に Wikipedia のような大規模なテキストを使って上記の 2 つのタスクでモデルを事前学習します．これには多大な計算リソースを必要とします．GPU を使う場合，数十日程度かかります．

---

14)　テキスト含意認識は，2 文が与えられ，一方の文がもう一方の文を含意しているかどうかを判定するタスクのことです．

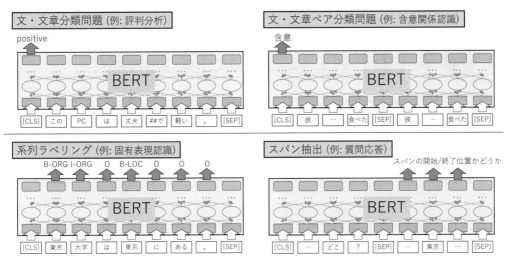

図 **6.24** BERT のファインチューニング

6.2.4 ファインチューニング

次に，ファインチューニングを行うことによって下流タスクを解きます．大規模テキストで学習した Transformer のモデルにおいて，マスク言語モデルと次文予測タスクを解くための最終層（図 6.22 や図 6.23 の灰色の矢印の部分に相当します）を外し，かわりに，下流タスクに対応した最終層を追加します．図 **6.24** で BERT で扱われるファインチューニングを示します．この図において青色の矢印の部分が最終層に相当します．

BERT で扱えるファインチューニングは大きく分けて二つあります．一つは文・文章もしくは文・文章ペアに対する分類問題で，図 6.24 の上半分に示しています．これらの問題では **[CLS]** トークンに対応したベクトルの上に最終層を追加します．もう一つはサブワードに対する分類問題で，系列ラベリングやスパン抽出などが該当し，図 6.24 の下半分に示しています．これらの問題では各単語のベクトルの上に最終層を追加します．自然言語処理の多くのタスクはいずれかにあてはめることができ，また，BERT 以前のディープラーニングで必要とされていた複雑なネットワークは不要となり，シンプルかつ強力なモデルとなっています．

ファインチューニングでは Transformer のパラメータは事前学習で学習したものを初期値として学習し，ファインチューニングで新たに追加された最終層のパラメータは当然ながらランダムに初期化してから学習されます．ファインチューニングは 3 または 4 エポック回せば十分です．GPU を使うと数十分から数時間程度で終了します．

BERT をはじめとするモデルは非常に計算コストがかかると言われています．事前学習は確かに多大な計算コストを必要としますが，これは多くの計算機リソースを有する企業や学術機関が学習し公開してくれています．普通は公開されているモデルを使ってファインチューニングだけをすればよく，これは数時間で終了しますからそれほど大変ではありません．

第 7 章 | BERTによる日本語解析

前章までで BERT の背景とその理論の説明を行いました．BERT を動かすのは難しいと思われるかもしれませんが，様々なライブラリが整備されていることから簡単に動かすことができます．本章では，AllenNLP における BERT の利用について説明し（7.1 節），最後に BERT の日本語タスクへの適用について解説します（7.2 節）．

7.1 AllenNLP における BERT の利用

本章からは AllenNLP を用いて BERT のファインチューニングを行う方法について説明します．PyTorch で BERT のファインチューニングを行うのに transformers というライブラリ[1]を使うことができます．このライブラリを AllenNLP から使います．transformers のみでも BERT を利用することができますが，AllenNLP を用いて BERT のファインチューニングを行うメリットとして以下のようなことが挙げられます．

- AllenNLP ではモジュール単位で整理されているので，例えば LSTM のかわりに BERT を用いることができ，LSTM と BERT の比較などが容易にできます（transformers 内では LSTM を使うことは想定されていません）．
- transformers で標準的に用意されているタスク以外を解く場合，AllenNLP で提供されるモジュールを使って AllenNLP 上で行った方が拡張が行いやすいです．

まず，transformers での BERT の使い方を説明し，7.1.4 項から，AllenNLP での使い方を説明します．

---

1) https://github.com/huggingface/transformers

7.1.1　transformers

transformers は Hugging Face 社が開発しているライブラリで，BERT やその後継のモデルに対して統一的なインタフェースでアクセスできるように整理されています．活発に開発されており，広く利用されているライブラリの一つです．

重要なモジュールが 2 つあり，**トークナイザ**と**モデル**です．図 **7.1** に示すとおり，トークナイザは入力をトークンに分割し，トークンにトークン ID を割り当てます．モデルはトークナイザの出力に対して Transformer layer を繰り返し適用し，各トークンのベクトルを出力します．

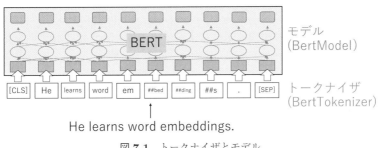

図 **7.1**　トークナイザとモデル

プログラムとしては以下のようになります．

```
from transformers import BertTokenizer, BertModel

tokenizer = BertTokenizer.from_pretrained("bert-base-uncased")
model = BertModel.from_pretrained("bert-base-uncased")

sentence = "He learns word embeddings."
inputs = tokenizer(sentence, return_tensors="pt")
outputs = model(**inputs)
```

まず，トークナイザ (`BertTokenizer`) とモデル (`BertModel`) をインポートし，それぞれをロードします．ここでは "**bert-base-uncased**" という英語のモデルを使います．これは BERT の base サイズのもので，「uncased」は大文字を小文字に正規化していることを意味します[2]．標準的に用意されているモデルの場合，`from_pretrained` メソッドで指定すると，初回は自動的にクラウドからモデルをダウンロードし，2 回目からはキャッシュされたものを使うので，非常に便利です．最後にトークナイザの出力（上記のプログラムの `inputs`）にモデルを適用し，最終的な出力を得ます．

---

2)　大文字・小文字の違いがあまり問題にならない場合（文書分類など）は，uncased モデルを使い，違いが重要な場合（固有表現認識など）は cased モデルを使うのがよいです．

(1) トークナイザ

トークナイザで行われていることを順番に説明します．まず，`tokenize` メソッドで入力をサブワード列に変換します．

```
sentence = "He learns word embeddings."
print(tokenizer.tokenize(sentence))
```

```
['he', 'learns', 'word', 'em', '##bed', '##ding', '##s', '.']
```

これは図 **7.2** の左に示すとおり，2 ステップで行われます．まず最初のステップでピリオドやコロンなどが別トークンに分離されます．例えば，「embeddings.」が「embeddings」と「.」に分離されます．BERT が出現する前はトークナイズといえばこの処理を指していましたので，ここでは「（従来の）トークナイズ」と名前をつけます．次のステップで各トークンはサブワードに分割されます．例えば単語「embeddings」はサブワード「em」，「##bed」，「##ding」，「##s」に分割されます．サブワード分割については以下で改めて述べます．

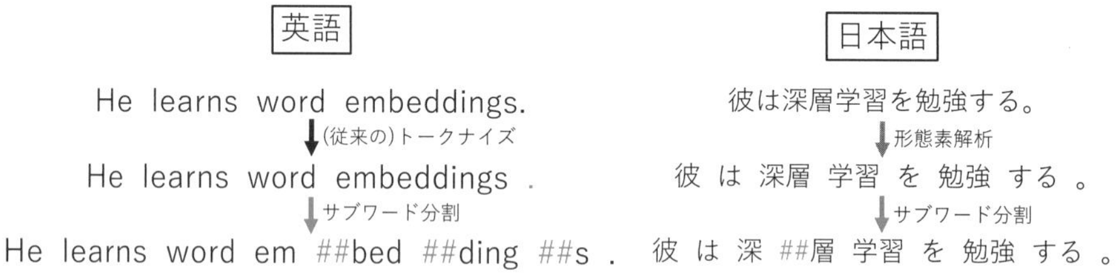

英語	日本語
He learns word embeddings.	彼は深層学習を勉強する。
↓(従来の)トークナイズ	↓形態素解析
He learns word embeddings .	彼 は 深層 学習 を 勉強 する 。
↓サブワード分割	↓サブワード分割
He learns word em ##bed ##ding ##s .	彼 は 深 ##層 学習 を 勉強 する 。

図 **7.2** BERT のトークナイザ

Transformer への入力はトークンそのものではなくトークン ID になります．トークンからトークン ID への変換は **convert_tokens_to_ids** メソッドで行うことができます．

```
tokens = tokenizer.tokenize(sentence)
print(tokenizer.convert_tokens_to_ids(tokens))
```

```
[2002, 10229, 2773, 7861, 8270, 4667, 2015, 1012]
```

上記の例で，「he」が 2002，「learns」が 10229，... に対応しています．

encode メソッドを用いると **tokenize** メソッドと **convert_tokens_to_ids** メソッドで行っていることを一挙に行うことができます．この際，デフォルトでは [CLS] や [SEP] などの特殊トークンを追加します．

```
input_ids = tokenizer.encode(sentence)
print(input_ids)
```

```
[101, 2002, 10229, 2773, 7861, 8270, 4667, 2015, 1012, 102]
```

トークン ID 列が表示されました．トークン ID 列をトークンに戻すには convert_ids_to_tokens メソッドを使うことができますので，トークンに戻してみます．以下で，先頭と末尾にそれぞれ [CLS] と [SEP] の特殊トークンが追加されていることがわかります．

```
print(tokenizer.convert_ids_to_tokens(input_ids))
```

```
['[CLS]', 'he', 'learns', 'word', 'em', '##bed', '##ding', '##s', '.', '[SEP]']
```

最後に，6.2.2 項で説明したセグメント ID も含めたものを出力します．以下のように tokenizer クラスを使うと実現できます．ここでは PyTorch を使いますので，引数に return_tensors="pt" を与えます[3]．

```
inputs = tokenizer(sentence, return_tensors="pt")
```

inputs は以下のようになります．

```
{'input_ids': tensor([[  101,  2002, 10229,  2773,  7861,  8270,  4667,  2015,
         1012,   102]]),
 'token_type_ids': tensor([[0, 0, 0, 0, 0, 0, 0, 0, 0, 0]]),
 'attention_mask': tensor([[1, 1, 1, 1, 1, 1, 1, 1, 1, 1]])}
```

それぞれ以下を表しています．

- input_ids: 上記の encode メソッドのところで説明したサブワードをトークン ID に変換したリストです．

- token_type_ids:「入力表現」で説明したセグメント ID のリストです．セグメント A が 0，セグメント B が 1 になり，この例ではセグメント A しかありませんので，全て 0 になります．

- attention_mask: トークンの数だけ 1 が代入されています．これだけを見ると何のためにあるかわかりにくいですが，長さの異なる文の集合を入力とした場合に，input_ids と token_type_ids において 0 でパディング (padding) して長さを揃えますので，attention_mask における 1 はトークンが存在することを表します．

以上のようにトークナイザを適用することにより BERT のモデル本体への入力を得ることができます．

---

3) 引数に "tf" と指定すれば TensorFlow も使うことができます．

（2）　モデル

トークナイザの出力に対してモデルを適用し，文脈に依存したベクトルを得ます．

```
outputs = model(**inputs)
```

outputs はタプルになっており，以下が含まれています（図 **7.3** も参照のこと）．

- 各トークンのベクトル：テンソルのサイズは [バッチサイズ，サブワード数，隠れ層の次元数] になります．
- [CLS] トークンに対応したベクトル：テンソルのサイズは [バッチサイズ，隠れ層の次元数] になります．

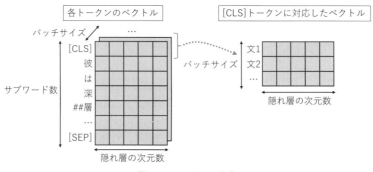

図 **7.3**　モデルの出力

このように数行だけで BERT の中核部分を記述することができ，非常に簡単です．

transformers では BERT だけでなく，BERT 以降に提案された様々なモデルを扱うことができます．以下のように，`AutoTokenizer` と `AutoModel` クラスを使うと，指定されたモデルから使用するクラスを自動的に選んでくれます．

```
from transformers import AutoTokenizer, AutoModel

tokenizer = AutoTokenizer.from_pretrained("bert-base-uncased")
model = AutoModel.from_pretrained("bert-base-uncased")

sentence = "He learns word embeddings."
inputs = tokenizer(sentence)
```

モデル名として `bert-base-uncased` を指定するとトークナイザ，モデルとしてそれぞれ `BertTokenizer`, `BertModel` が選ばれますので，このコードは最初に示したコードと全く同じになります．

7.1.2 サブワード分割

サブワード分割は **BPE** (Byte Pair Encoding)[22] という手法で行われます．BPE はもともとニューラルネットワークを使った機械翻訳で生まれた手法です．この手法は与えられたテキスト集合において，まず全ての単語を文字に分割したところからスタートし，以下の手順でサブワードに分割します．

1. 各文字をサブワードとみなす
2. 最も頻度の高いバイグラム（サブワードペア）を見つける
3. そのバイグラムを 1 つのサブワードとみなす
4. 2 に戻る：指定したサブワード数（例えば 3 万個）に達したら終了

こうすることで，よく出現する部分文字列は 1 つのサブワードになりやすくなります．

事前学習を行う前に，事前学習に用いる大規模テキストのサブセット（例えば 100 万文）を使い BPE を用いてサブワードに分割し，語彙を決めます．事前学習やファインチューニングの際には BPE ではなく最長一致によるサブワード分割が行われます．

図 7.4 を見てください．図の右に BPE で求めた語彙を示しています．単語が語彙にある場合（例えば "the"）はサブワードに分割されませんが，そうでない場合，長い方から語彙にあるかどうかを調べ，なければだんだん短くしていくことによってサブワードに分割します．具体的には図中の手順のところを参照してください．サブワード分割まわりは用語や手順などが非常にややこしいので，注意してください．

第 7 章

BERTによる日本語解析

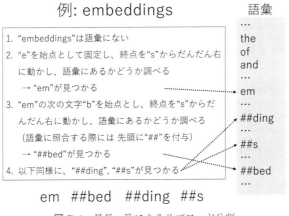

図 **7.4** 最長一致によるサブワード分割

7.1.3　BERT 日本語モデル

　さて，ここからは日本語の話に移ります．様々な機関が日本語の BERT 事前学習モデルを公開しています．ここでは東北大学が公開しているモデルを利用します．日本語は英語と異なり単語が空白区切りされていませんので，特別な処理が必要になります．いくつか方法がありますが，まず形態素解析を適用し単語に区切り，後は英語と同様にサブワードに分割する場合が多いです．図 7.2 の右を見てください．英語での最初のステップが日本語では形態素解析に置き換わっており，次のステップは英語と同様にサブワードへの分割となっています．東北大学のモデルでは形態素解析器 MeCab が利用されています．また，transformers にはこのモデルが登録されており，簡単に利用することができます．

　上記で説明した `AutoTokenizer` と `AutoModel` を使います．モデル名は `cl-tohoku/bert-base-japanese-whole-word-masking`[4] ですので，以下のようになります．英語の場合と異なるのはモデル名のところだけですので，非常に簡単に様々なモデルを利用することができます．

```
from transformers import AutoTokenizer, AutoModel

tokenizer = AutoTokenizer.from_pretrained(
                        "cl-tohoku/bert-base-japanese-whole-word-masking")
model = AutoModel.from_pretrained(
                        "cl-tohoku/bert-base-japanese-whole-word-masking")
```

　英語と同様に日本語文でもトークナイザの動作を確認してみます．まず，`tokenize` メソッドを適用し，トークンに分割します．形態素解析により単語に分割され，単語「深層」は「深」と「##層」の 2 つのサブワードに分割されています．

```
sentence = "彼は深層学習を勉強する。"
print(tokenizer.tokenize(sentence))
```

```
['彼', 'は', '深', '##層', '学習', 'を', '勉強', 'する', '。']
```

　`tokenizer` を適用すると，`inputs` は以下のようになります．

```
inputs = tokenizer(sentence)
```

```
{'input_ids': tensor([[2, 306, 9, 1093, 29442, 4293, 11, 8192, 34, 8, 3]]),
 'token_type_ids': tensor([[0, 0, 0, 0, 0, 0, 0, 0, 0, 0, 0]]),
```

---

4)　「whole-word-masking」については 7.3.1 項で説明します．

```
'attention_mask': tensor([[1, 1, 1, 1, 1, 1, 1, 1, 1, 1, 1]])}
```

7.1.4 BERT が関係するモジュール

いよいよ AllenNLP から BERT を利用する方法を説明します．前項までで説明された Al-lenNLP のモジュールのうち，BERT が関係するものは以下のものになります．

1. トークナイザ　　　2. トークンインデクサ　　　3. トークンエンベダ
4. seq2vec エンコーダ

これらを順番に説明します．

(1) トークナイザ

クラス `PretrainedTransformerTokenizer` が BERT に関係するクラスで，`allennlp.data.tokenizers.pretrained_transformer_tokenizer` にあります．このクラスでは先ほど説明した transformers のトークナイザを適用し，入力をトークンに分割します．このとき，上記で説明したようにトークン ID への変換やセグメント ID の付与も行います．

(2) トークンインデクサ

BERT 以前のディープラーニングでは訓練用のコーパスで単語の頻度をカウントし，頻度上位の単語に対して ID を振る必要がありました．しかし，BERT ではこれまで説明したとおり，サブワードにはすでに ID が振られていますのでその処理を行う必要はありません．さらには上記で説明したトークナイザですでに各サブワードに対して ID を割り振っているため，トークンインデクサでその処理を行う必要はありません．

単語ではなくサブワードを基本単位として採用していることから，少しややこしい話があります．これは (3) のトークンエンベダとセットになっています．図 7.5 の例を見てください．入力文「彼は深層学習を勉強する。」を形態素解析し，さらにサブワード化すると，7.1.3 項で説明したとおり，単語「深層」が「深」と「##層」の 2 つのサブワードに分割されます．ここで，最終的に得たいベクトルは

(a) 各サブワード（図 7.5 の左側）
(b) 各単語（図 7.5 の右側）

の 2 とおりに対応させることができます．

(a) は各サブワードに対応したベクトルを得ます．サブワードには [CLS] トークンなどの特殊トークンも含みます．実際には特殊トークン以外のサブワード（つまり，「彼」や「深」，「##層」など）に対応するベクトルが必要な場合はほぼなく，先に説明した文・文章分類問

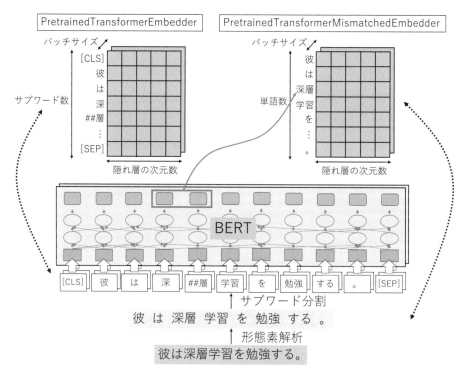

図 **7.5** BERT に関係するトークンインデクサとトークンエンベダ

題や文・文章ペア分類問題のように [CLS] トークンに対応するベクトルのみが必要な場合に
使います.

(b) は各単語に対応したベクトルを得ます. 上記と異なり,「深」や「##層」などのサブワー
ドに対応するベクトルではなく, 単語「深層」に対応するベクトルを得ます. これは先に説
明したトークン分類問題で使います. なお, ここでは特殊トークンは含まれません.

上記の 2 つのケースのそれぞれに対応して, BERT が関係するトークンインデクサには以
下の 2 種類があります.

- allennlp.data.token_indexers.pretrained_transformer:
  クラス PretrainedTransformerIndexer
- allennlp.data.token_indexers.pretrained_transformer_mismatched:
  クラス PretrainedTransformerMismatchedIndexer

1 つ目の PretrainedTransformerIndexer は先に説明したとおり, トークナイザの中身で
サブワードの ID を得ていますので, このトークンインデクサでは何もすることがありません.

2 つ目の PretrainedTransformerMismatchedIndexer における「Mismatched」は入力の
サブワード列の数と最終的に得るベクトルの単語数が一致しないことを意味しています. この

インデクサでは各単語がどのサブワードに対応するかという **offset** を計算します．**offset** は入力サブワード列における (単語の開始位置, 単語の終了位置) になっています．例えば，単語「深層」は入力サブワード列において「深」から始まって「##層」までに対応していますので，**offset** は (3, 4) となります．**offset** は下記で説明するトークンエンベダにおいて，単語のベクトルを計算するときに使われます．サブワードと単語の対応を自分でとるのは面倒，かつ，バグが起きやすいのですが，このように AllenNLP では対応をとってくれるので非常に便利です．

(3) トークンエンベダ

トークンエンベダは 2 種類のトークンインデクサのそれぞれに対応して，以下の 2 種類があります．

- allennlp.modules.token_embedders.pretrained_transformer_embedder:
  クラス PretrainedTransformerEmbedder
- allennlp.modules.token_embedders.pretrained_transformer_mismatched_
  embedder: クラス PretrainedTransformerMismatchedEmbedder

PretrainedTransformerEmbedder では 7.1.1 項 (2) で説明した AutoModel で作成したモデルを適用します．返り値のテンソルのサイズは [バッチサイズ, サブワード数, 隠れ層の次元数] になり，各サブワードに対応するベクトルが返ります．図 7.5 の左上を参照してください．

一方，PretrainedTransformerMismatchedEmbedder では，まず PretrainedTransformerEmbedder と同様に AutoModel で作成したモデルを適用します．そして，PretrainedTransformerMismatchedIndexer で保持していた **offset** を用いて，各単語のベクトルを計算します．

単語のベクトルの計算方法として以下の 2 つがあります．

- first: 単語のベクトルとしてその単語の最初のサブワードのベクトルを採用します．
- ave: 単語のベクトルとしてその単語に含まれるサブワードのベクトルの平均をとったものを採用します．

これらの計算方法には **sub_token_mode** と名前がついており，どちらを用いるかを指定することができます．デフォルトは **ave** になっています．**first** ですと最初のサブワードのベクトルだけが採用されて，それ以外のサブワードの情報が無視されてしまって良くないのではないかと思われるかもしれません．しかし，最初のサブワードのところで単語に対する分類問題を解くと，他のサブワードの情報がセルフアテンションによって該当のサブワードのところに情報がいくように学習されます．図 7.5 の例ですとサブワード「深」のところで分類問題を解

くようにすると「##層」の情報が「深」のところにいくように学習されます．この学習の様
子については，7.2.2 項で再度説明します．返り値のテンソルのサイズは [バッチサイズ，単
語数，隠れ層の次元数] となり，各単語に対応するベクトルが返ります．図 7.5 の右上を参照
してください．

（4）　seq2vec エンコーダ

　最後に，BERT に対応した seq2vec エンコーダのクラスが BertPooler です．これは
[CLS] トークンに対応するベクトルを返すもので，これが文または文章全体を表すベクトル
になります．このエンコーダは単語単位ではなく文や文章単位のタスクを解く際に用います．

7.2　BERT の日本語タスクへの適用

　さて，ここまででようやく BERT を日本語タスクで動かす準備が整いました．これまでニ
ューラルネットワークで解いた日本語タスクを BERT のファインチューニングによってどの
ように解くかを説明します．

7.2.1　文・文章分類問題

　BERT 以前のディープラーニングではタスクに応じてどのようなモデルを用いるかを考え
る必要がありました．例えば，第 3 章の文書分類には単語エンベディングの和，第 4 章の評
判分析には CNN を用いました．しかし，BERT を用いる場合，タスクによらず同じモデル
を用います．文書分類と評判分析はどちらも文・文章分類問題として解くことができ，タスク
によって文書中に含まれるどのような特徴が有効であるかは Transformer に考えてもらうこ
とになります．統一的に同じモデルを使えるのは BERT を用いることのメリットと言えます．
　設定ファイルは以下のようになります．

```
{                                    sentence_classification_bert.jsonnet
    "random_seed": 1,
    "pytorch_seed": 1,
    "dataset_reader": {
        "type": "text_classification_json",
        "tokenizer": {
            "type": "pretrained_transformer",
            "model_name": std.extVar("BERT_MODEL_NAME")
        },
        "token_indexers": {
```

```
            "transformer": {
                "type": "pretrained_transformer",
                "model_name": std.extVar("BERT_MODEL_NAME")
            }
        },
        "max_sequence_length": 384,
    },
    "train_data_path": std.extVar("TRAIN_DATA_PATH"),
    "validation_data_path": std.extVar("VALID_DATA_PATH"),
    "model": {
        "type": "basic_classifier",
        "text_field_embedder": {
            "token_embedders": {
                "transformer": {
                    "type": "pretrained_transformer",
                    "model_name": std.extVar("BERT_MODEL_NAME")
                }
            }
        },
        "seq2vec_encoder": {
            "type": "bert_pooler",
            "pretrained_model": std.extVar("BERT_MODEL_NAME")
        },
    },
    "data_loader": {
        "batch_size": 32,
        "shuffle": true
    },
    "validation_data_loader": {
        "batch_size": 32,
        "shuffle": false
    },
    "trainer": {
        "optimizer": {
            "type": "huggingface_adamw",
            "lr": 2e-5
        },
        "num_epochs": 4,
        "patience": 1,
        "validation_metric": "+accuracy",
        "cuda_device": 0,
        "callbacks": [
            {
```

第 7 章

BERTによる日本語解析

```
              "type": "tensorboard"
            }
        ]
    }
}
```

これまで説明したトークナイザ，トークンインデクサ，トークンエンベダ，seq2vec エンコーダにそれぞれ BERT によるものを指定するだけです．具体的には dataset_reader にトークナイザとトークンインデクサ，model にトークンエンベダと seq2vec エンコーダを指定しています．dataset_reader の max_sequence_length は BERT に入力するサブワード数の最大値で，この値より後ろのサブワードは考慮されなくなります．後ろの方のサブワードを考慮しなくても文書分類の精度はそれほど落ちません．また，optimizer には huggingface_adamw が使われており，これは Adam を少し修正した最適化器です．

このように簡単に BERT モデルを使うことができるのが AllenNLP のメリットです．これを使って文書分類と評判分析を動かしてみます．

（1）　文書分類
文書分類は以下のコマンドで動かすことができます．

```
%env TRAIN_DATA_PATH=data/livedoor_news/livedoor_news_train.jsonl
%env VALID_DATA_PATH=data/livedoor_news/livedoor_news_validation.jsonl
%env BERT_MODEL_NAME=cl-tohoku/bert-base-japanese-whole-word-masking
!allennlp train training_config/sentence_classification_bert.jsonnet \
 -s results/livedoor_news_bert \
 --overrides '{ "dataset_reader.max_sequence_length": 512,
                "data_loader.batch_size": 16 }'
```

上記において，--overrides オプションで指定した文字列（JSON 形式）で設定ファイルの設定の一部を上書きすることができます．

学習途中で GPU のメモリが不足する場合，max_sequence_length もしくは batch_size を小さくしてみてください．学習は数十分で終了し，コンソールの最後に以下のように学習をまとめたログが表示されます．

```
{
  "best_epoch": 1,
  "peak_worker_0_memory_MB": 5187.19921875,
  "peak_gpu_0_memory_MB": 14092.1416015625,
  "training_duration": "0:09:25.563994",
  "epoch": 2,
  "training_accuracy": 0.9878007455099966,
```

```
 "training_loss": 0.04866640429393588,
 "training_worker_0_memory_MB": 5187.19921875,
 "training_gpu_0_memory_MB": 14092.1416015625,
 "validation_accuracy": 0.9484396200814111,
 "validation_loss": 0.1732366918392169,
 "best_validation_accuracy": 0.9538670284938942,
 "best_validation_loss": 0.1601027282110105
}
```

　検証データセットでの精度 (best_validation_accuracy) は 95.4% になりました．第 3 章で説明した単語エンベディングによる手法では精度 95.1% でしたので，BERT を用いることによって少し改善しています．ただし，Livedoor ニュースコーパスの文書分類は単語エンベディングによるシンプルな手法でも十分高く，ほぼ上限に近い値になっていると推測されます．

　次にテストデータセットでの精度を出してみます．allennlp evaluate コマンドを使い，上記で学習したモデルのアーカイブファイル (model.tar.gz) を指定します．

```
!allennlp evaluate --output-file results/livedoor_news_bert/test_evaluate.json \
--cuda-device 0 results/livedoor_news_bert/model.tar.gz \
data/livedoor_news/livedoor_news_test.jsonl
```

　コンソールの最後に以下が表示されます．

```
{
 "accuracy": 0.9606512890094979,
 "loss": 0.13286053610499948
}
```

　第 3 章で説明した手法の精度が 94% だったのに対して，BERT では 96% ですので，テストデータセットでも精度が向上しています．

(2)　評判分析

　次に評判分析を動かします．以下の 2 点を変更した他は，文書分類と基本的に同じコマンドです．

- TRAIN_DATA_PATH と VALID_DATA_PATH を評判分析のデータのものにした
- 評判分析のデータ数が比較的多く，学習時間を短くするために max_sequence_length を 256 にした

　学習は 30 分程度で終わります．

```
%env TRAIN_DATA_PATH=data/amazon_reviews/amazon_reviews_train.jsonl
%env VALID_DATA_PATH=data/amazon_reviews/amazon_reviews_validation.jsonl
%env BERT_MODEL_NAME=cl-tohoku/bert-base-japanese-whole-word-masking
!allennlp train training_config/sentence_classification_bert.jsonnet \
 -s results/amazon_reviews_bert \
 --overrides '{ "dataset_reader": { "max_sequence_length": 256 },
                "data_loader": { "batch_size": 8 } }'
```

```
{
  "best_epoch": 0,
  "peak_worker_0_memory_MB": 5626.71484375,
  "peak_gpu_0_memory_MB": 10348.05859375,
  "training_duration": "0:18:45.399523",
  "epoch": 1,
  "training_accuracy": 0.9662,
  "training_loss": 0.09717694043871015,
  "training_worker_0_memory_MB": 5626.71484375,
  "training_gpu_0_memory_MB": 10348.05859375,
  "validation_accuracy": 0.9484,
  "validation_loss": 0.14463205858738795,
  "best_validation_accuracy": 0.9506,
  "best_validation_loss": 0.13224963619000024
}
```

検証データセットでの精度 (best_validation_accuracy) は 95.1% になりました．4.3.3 項で説明した CNN による手法の精度は 92.1%，4.8 節で説明したハイパーパラメータチューニングで 93.5% まで上がっていましたが，それらよりも高い精度を達成しており，BERT が非常に強力であることがわかります．テストデータセットでの精度も出してみます．

```
!allennlp evaluate --output-file results/amazon_reviews_bert/test_evaluate.json \
 --cuda-device 0 \
 results/amazon_reviews_bert/model.tar.gz \
 data/amazon_reviews/amazon_reviews_test.jsonl
```

```
{
  "accuracy": 0.9506,
  "loss": 0.13122626473522112
}
```

検証データセットにおけるシステムの出力例を以下の表にいくつか示します．1 つ目の例は正解が positive で，CNN は誤って negative と出力していましたが，BERT では正しく positive と出力できています．CNN では「つまらない」という単語を手がかりとして negative と

出力したと推測されますが，BERTは文章全体を考慮し，positiveと出力することができています．2つ目の例は正解がnegativeですが，CNN，BERTともに誤ってpositiveと出力しています．negativeと判断できるわかりやすい手がかり表現がないために誤ったと推測されます．

入力テキスト	正解	CNN	BERT
いつみても何度観ても良い映画です．大体3になるとつまらない作品が多いですがトイストーリーに間違いはありませんでした．	positive	negative	positive
4曲中3曲で，再生が途中で止まるところあり．再生の確認をされていないと思われる．	negative	positive	positive

7.2.2　固有表現認識

最後に固有表現認識を説明します．第5章での双方向LSTMによる固有表現認識の説明において，単語に対するベクトル表現を得る部分で双方向LSTMのかわりにBERTを用います．残りは基本的には同じです．ファインチューニングのところ（6.2.4項）で説明した系列ラベリングを用います．

双方向LSTMの場合と異なるのはBERTの場合はサブワードが用いられていることです．図7.6の例で説明します．この例では「昨年」にはDATE，「北野天満宮」には「LOC」の固有表現タグが付与されています．単語「昨年」には「B-DATE」，「北野天満宮」は「北野」と「天満宮」の2単語に分割されますので，単語「北野」には「B-LOC」，「天満宮」には「I-LOC」が付与されます．ここでサブワードが関係するのは「天満宮」で，これは「天満」と「##宮」の2つのサブワードに分割されます．複数のサブワードに分割される場合，訓

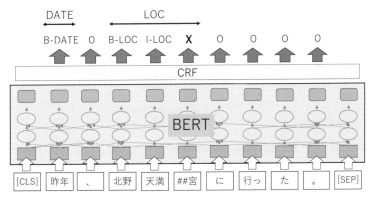

図 7.6　BERTによる固有表現認識

練・テスト時はそれぞれ以下のように扱います．

- 訓練時：単語の最初のサブワードに対する分類を学習し，その他のサブワードに対しては何も行いません．先ほどの例では「天満」に対しては「I-LOC」を学習し，「##宮」には何も行いません（図 7.6 では「X」で示しています）．
- テスト時：単語の最初のサブワードに対する予測のみを行います．

　このような訓練・テストを行うために，トークンインデクサとトークンエンベダのところ（7.1.4 項）で説明した pretrained_transformer_mismatched を使い，トークンエンベダの sub_token_mode で first を指定します．トークンエンベダのところでも少し述べたとおり，サブワードと単語の対応をとるのは面倒で，実際，サブワードと単語の対応をとりながら実装しているようなケースもあるのですが，AllenNLP を用いるとユーザが実装する必要はなく，非常に簡単です．

　モデルには CrfTagger〔crf_tagger〕を用います．BERT で各単語のベクトルを得て，その上で条件付き確率場 (CRF) を動かします．BERT の論文では BERT が賢く文脈を考慮できることから CRF を用いずに各単語に対する予測で十分であると書かれています．たしかにほとんどの場合は正しいのですが，まれにタグの遷移を違反するものがあります（例えば B-PER の後に I-LOC がくる）．そのようなものに対処するためには後処理が必要となってしまいます[5]ので，ここでは双方向 LSTM のときと同様に CRF を適用しタグの遷移を違反するものがないようにします．

　設定ファイルは以下のようになります．

```
{                                                         kwdlc_bert.jsonnet
    "random_seed": 1,
    "pytorch_seed": 1,
    "dataset_reader": {
        "type": "conll2003",
        "tag_label": "ner",
        "token_indexers": {
            "transformer": {
                "type": "pretrained_transformer_mismatched",
                "model_name": std.extVar("BERT_MODEL_NAME")
            }
        }
    },
    "train_data_path": std.extVar("NER_TRAIN_DATA_PATH"),
    "validation_data_path": std.extVar("NER_VALID_DATA_PATH"),
    "model": {
```

---

5)　例えば，B-PER の後に I-LOC が来た場合，I-LOC を強制的に I-PER と解釈するなどが挙げられます．

```
        "type": "crf_tagger",
        "label_encoding": "BIO",
        "calculate_span_f1": true,
        "text_field_embedder": {
            "token_embedders": {
                "transformer": {
                    "type": "pretrained_transformer_mismatched",
                    "model_name": std.extVar("BERT_MODEL_NAME"),
                    "sub_token_mode": "first"
                }
            }
        },
        "encoder": {
            "type": "pass_through",
            "input_dim": 768,
        },
    },
    "data_loader": {
        "batch_size": 32,
        "shuffle": true
    },
    "validation_data_loader": {
        "batch_size": 32,
        "shuffle": false
    },
    "trainer": {
        "optimizer": {
            "type": "huggingface_adamw",
            "lr": 5e-5
        },
        "num_epochs": 4,
        "patience": 1,
        "validation_metric": "+f1-measure-overall",
        "cuda_device": 0,
        "callbacks": [
            {
                "type": "tensorboard"
            }
        ]
    }
}
```

encoder は pass_through というモデルが指定されています．これは何もしないという意味

で，トークンエンベダで各トークンのエンベディングを得て，その上で何もしません．
encoder には何かしらのモデルを指定しなければいけないので，こうなっています．

　以下のコマンドでモデルを学習します．

```
%env NER_TRAIN_DATA_PATH=data/kwdlc/kwdlc_ner_train.txt
%env NER_VALID_DATA_PATH=data/kwdlc/kwdlc_ner_validation.txt
%env BERT_MODEL_NAME=cl-tohoku/bert-base-japanese-whole-word-masking
!allennlp train training_config/kwdlc_bert.jsonnet -s results/kwdlc_ner_bert
```

　4 エポック回して約 10 分程度と非常に速く学習が終わります．

```
{
  "best_epoch": 3,
  "peak_worker_0_memory_MB": 4626.96484375,
  "peak_gpu_0_memory_MB": 3843.115234375,
  "training_duration": "0:05:03.996211",
  "epoch": 3,
  "training_accuracy": 0.9964905863686466,
  "training_accuracy3": 0.996653699959963,
  "training_precision-overall": 0.9427856807878693,
  "training_recall-overall": 0.9467817896389324,
  "training_f1-measure-overall": 0.9447795096733266,
  "training_loss": 6.26046758875288,
  "training_worker_0_memory_MB": 4626.96484375,
  "training_gpu_0_memory_MB": 3842.14794921875,
  "validation_accuracy": 0.9828768465185533,
  "validation_accuracy3": 0.9841307158810392,
  "validation_precision-overall": 0.8034682080924854,
  "validation_recall-overall": 0.8244365361803083,
  "validation_f1-measure-overall": 0.8138173302107228,
  "validation_loss": 37.921356818255255,
  "best_validation_accuracy": 0.9828768465185533,
  "best_validation_accuracy3": 0.9841307158810392,
  "best_validation_precision-overall": 0.8034682080924854,
  "best_validation_recall-overall": 0.8244365361803083,
  "best_validation_f1-measure-overall": 0.8138173302107228,
  "best_validation_loss": 37.921356818255255
}
```

　最後に検証データセットでの F1 値が表示されており (validation_f1-measure-overall)，
0.814 と双方向 LSTM を用いた場合よりも大幅に高い精度であることがわかり，BERT の強
力さがわかります．

　固有表現タグ別の精度を出すために，verbose_metrics を true にし，allennlp evaluate

を使って，検証データセットのスコアを出してみます．

```
!allennlp evaluate --output-file results/kwdlc_ner_bert/validation_evaluate.json\
--cuda-device 0 --overrides ' "model.verbose_metrics": true '\
results/kwdlc_ner_bert/model.tar.gz data/kwdlc/kwdlc_ner_validation.txt
```

第5章で説明した双方向LSTMの精度と合わせてBERTの精度を表7.1に示します．固有表現タグ全般にわたって精度が向上していることがわかります．

表 **7.1** 双方向 LSTM と BERT の固有表現認識の精度

固有表現タグ	双方向 LSTM	BERT
PERSON	0.431	0.886
LOCATION	0.677	0.865
ORGANIZATION	0.229	0.716
ARTIFACT	0.309	0.594
DATE	0.805	0.879
TIME	0.222	0.692
MONEY	0.966	1.000
PERCENT	0.909	1.000
ALL	0.566	0.814

図7.7にBERTの改善例を示します．双方向LSTMでは認識できていなかったDATE「1878年」，LOC「チチェスター」，ORG「サンドハースト王立士官学校」をBERTでは正

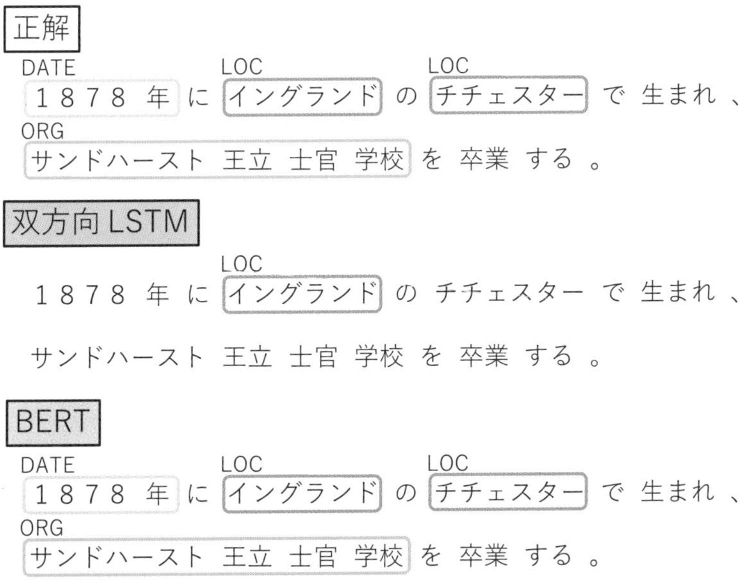

図 **7.7** BERT の改善例

しく認識できています．BERT では固有表現の文字列とその文脈を総合的に判断し，マイナーな地名などを正しく認識することができます．

また別の例を図 7.8 に示します．双方向 LSTM では DATE「今週」を認識できていませんでしたが，BERT では正しく解析できています．しかし，「ストック」は正しくは PERSON ですが，BERT は何も出力できていません．「ストック」の直前に「主人公」とあるので正しく解析できてもよさそうですが，「ストック」は普通名詞としても使われますので何も出力できなかったと推測されます．

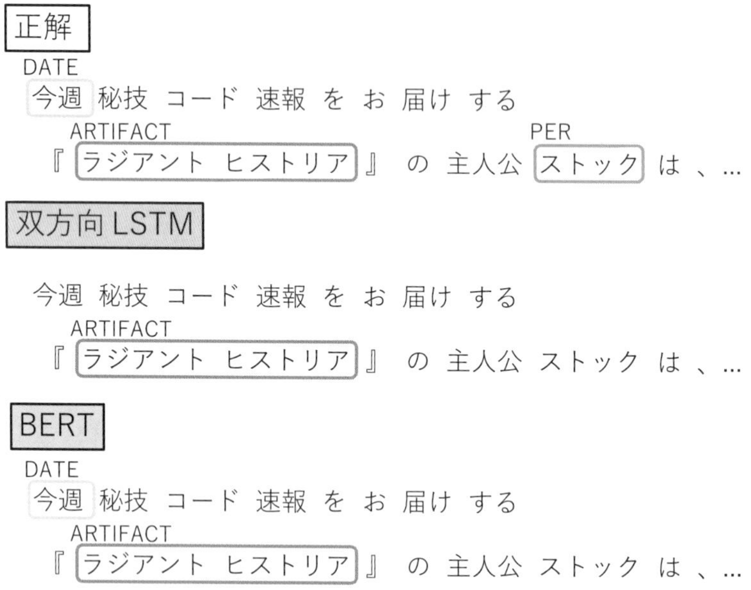

正解

DATE
今週 秘技 コード 速報 を お 届け する
　　ARTIFACT　　　　　　　　　　　　PER
『 ラジアント ヒストリア 』 の 主人公 ストック は 、…

双方向 LSTM

今週 秘技 コード 速報 を お 届け する
　　ARTIFACT
『 ラジアント ヒストリア 』 の 主人公 ストック は 、…

BERT

DATE
今週 秘技 コード 速報 を お 届け する
　　ARTIFACT
『 ラジアント ヒストリア 』 の 主人公 ストック は 、…

図 7.8　BERT の改善例と誤り例

これまで 3 つのタスクを使って説明してきたとおり，AllenNLP を用いると BERT のような最新のモデルを非常に簡単に利用することができます．

7.2.3　訓練データを減らした場合の性能

一般にディープラーニングは，ディープラーニング以前の機械学習手法（サポートベクターマシンなど）に比べて訓練データが多く必要であると言われています．しかし，BERT の場合，これまで説明してきたディープラーニングの手法と比べて訓練データが少量でも性能を出すことができます．

実際に訓練データを少なくした場合の性能を調べてみます．これまで説明してきた文書分類，評判分析，固有表現認識において訓練データを 75%，50% と減らします．評判分析については訓練データが 4 万件と比較的多いので，50% と減らしたところからさらに 25%，

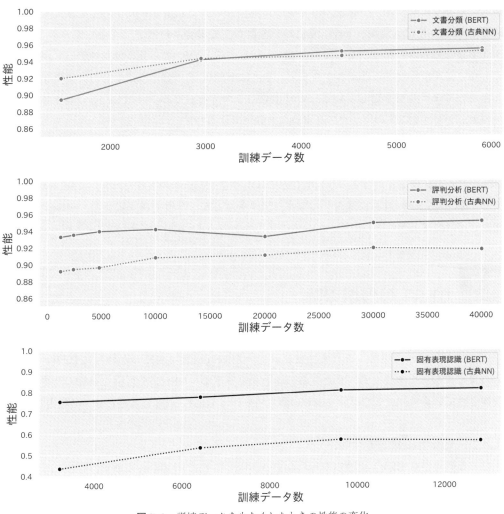

図 **7.9** 訓練データを少なくしたときの性能の変化

12.5%，... と減らした場合も調べます．各タスクについてこれまで説明してきたディープラーニングの手法（文書分類は単語エンベディングの和，評判分析は CNN，固有表現認識は LSTM）をここでは古典的ニューラルネットワーク（古典 NN）と総称します．

図 **7.9** に結果を示します．文書分類，評判分析，固有表現認識を図の上段，中段，下段に表しており，それぞれのタスクにおいて実線が BERT，点線が古典 NN を示しています．各タスクで一番右が一番訓練データが多く，右から左にむかってだんだん訓練データが少なくなっていきます．このような訓練データ数と性能の関係を表したグラフを**学習曲線** (learning curve) と呼びます．まず，文書分類（上段：灰色）は古典 NN はあまり精度が落ちませんが，BERT の方が精度が早く落ちています．評判分析（中段：青色）についてはどちらもあまり

精度は変わりませんが，一番左の方で少し古典 NN の方が精度が早く落ちていきます．一番顕著なのは固有表現認識（下段：黒色）で古典 NN の場合，精度が早く落ちていきますが，BERT はなだらかに精度が落ちていきます．総合すると BERT は比較的訓練データが少なくても高い精度が出せることがわかります．これは BERT の場合，事前学習で大規模なテキストを用いてモデルを学習していることに由来します．なお，ここで試したのは各タスクに 1 つのデータセットですので，タスク全般に一般化できるわけではありません．

　一般に，どれくらい訓練データが必要かはタスク，ならびに，扱うテキストによって変わります．すでに公開されているデータではなく，ご自身で訓練データを構築する必要がある場合，どれくらい構築すればよいかは明らかではありません．そのような場合，すでに構築したデータ量を 75% や 50% に減らしてみて，図 7.9 のような学習曲線を描画し，訓練データを増やせば性能が上がりそうか調べてみるのがよいと思います．

7.3　BERT の登場以降

　BERT が登場して以降，これまで使われていた LSTM や CNN のかわりに BERT が使われるようになってきました．また，もの凄いスピードで，BERT を拡張した様々なモデルが提案されています．以下ではいくつかの観点に分けて BERT 以降の進展について説明します．

7.3.1　モデルの改良

　様々な観点から BERT の改良が行われています．例えば BERT の事前学習のところ（6.2.3 項）で述べたとおり，次文予測タスクはあまり有効でないことが示され，このタスクを除外したり，もしくは，ALBERT[14] というモデルではかわりに**文順序予測** (sentence order prediction) というタスクが提案されています．正例は次文予測タスクと同様ですが，負例をランダムにとってきた文ではなく，文 A と文 B の順番を逆にしたものとし，これらを識別する問題を解きます．これは次文予測タスクよりもかなり難しいタスクであり，このタスクを解くことでモデルを鍛え，ファインチューニングでの精度が向上します．

　同じように穴埋め問題を難しくしてモデルを鍛える手法に **whole word masking**[26] があります．通常の BERT の穴埋め問題ではサブワード単位でランダムにマスクする箇所を決定します．先に挙げた例文「彼は 深 ##層 学習 を 勉強 する。」で「深」がマスクされるサブワードに選ばれたとすると以下のようになります．

彼は [MASK] ##層 学習 を 勉強 する 。

もともと「深層」と同じ単語に属している「##層」は「深」を予測するにあたって大きな手がかりとなり,穴埋め問題が少し簡単になってしまいます.

whole word masking はサブワード単位ではなく単語単位でマスクする箇所を決定します.「深層」がマスクされる単語に選ばれたとすると,以下のように「深」と「##層」の両方がマスクされ,最初の [MASK] では「深」を,次の [MASK] では「##層」を予測する問題になります.

彼 は [MASK] [MASK] 学習 を 勉強 する 。

こうすることによって,穴埋め問題が難しくなり,モデルが鍛えられます.非常にシンプルな手法ですが,ファインチューニング後の精度が一貫して数ポイント向上します.同様の手法として SpanBERT[13] があり,スパン(連続する数トークン)単位でマスクすることで穴埋め問題を難しくします.

また,事前学習に使うテキストをさらに大規模化することや事前学習の学習時間をさらに長くすることによって,ファインチューニングでのタスクの精度が向上することが示されています.

第 7 章
BERTによる日本語解析

7.3.2 生　成

これまで説明したとおり,BERT は機械翻訳で提唱された Transformer をベースにしていますが,エンコーダ・デコーダモデルのところ(6.1.4 項)で説明したような生成(翻訳,対話など)ができるわけではありません.しかし,その後,BERT の穴埋め問題を生成モデルの事前学習に適用したモデル(T5[20] や BART[15])が提案されています.それらのモデルでは BERT が扱っている分類タスクと,BERT が扱えなかった生成タスクを統一的に扱うことができます.

7.3.3 言語モデル

6.1.6 項で説明した GPT はその後,2019 年に GPT-2[19],2020 年に GPT-3[11] と,後継モデルが提案されました.番号が増えていっていることと,GPT-2 ではパラメータ数が 15 億,GPT-3 では 1,750 億にもなっていることが注目されているために,単にパラメータ数が増えたと思われやすいですが,初代 GPT と GPT-2,3 では学習の方式が違います.初代 GPT はこれまで説明したとおり,大規模テキストを用いて言語モデルをタスクとして事前学習してから,各タスクでファインチューニングしています.それに対して,GPT-2,3 では事前学習のみでモデルの学習は終わりで,後は学習した言語モデルに従って単語を出力することによってタスクを解きます.さらに GPT-2,3 では行っていることが異なり,GPT-2 はタスクの正解データを一つも与えません.一方,GPT-3 は少量のタスクの正解データを言語モデルへの

入力として与えることにより，タスクを解きます．タスクの正解データを一つも与えない設定を **zero-shot**，少量の正解データを与える設定を **few-shot** と呼びます．

さらには，「どういう出力がよいか」という人間からのフィードバックを与えることによって言語モデルを改善する手法が提案されています [27]．この手法をベースとし，ユーザと対話できるようにしたものが 2022 年末に公開された ChatGPT[6]であり，自然言語処理のみならず世の中を大きく変えています．今後の動向から目を離すことができません．

7.3.4　軽量化・高速化

BERT はパラメータ数が多く，また，推論速度に時間がかかってしまいます．そこで，CPU やモバイル端末でも高速に動作するようにモデルの軽量化・高速化が進んでいます．そのようなモデルの一つに DistilBERT[21] というモデルがあります．このモデルでは蒸留 (distillation) という考え方が使われています．

蒸留では教師モデルと生徒モデルの 2 つのモデルが存在します．DistilBERT では BERT の base モデルを教師モデルとし，層を半分（つまり 6 層）にしたモデルを生徒モデルとしています．BERT の事前学習と同じように穴埋め問題を使って生徒モデルを学習します．具体的には，まず教師モデルが穴埋め部分を埋めるのにふさわしい単語集合を出力し，生徒モデルは教師モデルの出力を真似するように学習します．図 6.22 で，例えばマスクされた「放電」に対して教師モデルは確率の高い順に「故障」「火災」「放電」などの単語を出力しますので，生徒モデルはこれらの単語の確率が高くなるように学習します．通常の BERT の学習ではマスクされた単語「放電」のみが正解となりますが，蒸留では教師モデルの出力するそれ以外の単語（「故障」や「火災」）も妥当な単語として学習することができますので，比較的短時間（数日程度）で学習できます．

図 7.10 に BERT，DistilBERT[7]，古典 NN の精度を比較したものを示します．3 つのタスクともに BERT と DistilBERT を比較すると，いずれの場合も DistilBERT は BERT よりも少し精度が落ちています．文書分類についてはこれまで説明したとおり，BERT も古典 NN もだいたい同じ精度になりますので，これらの精度よりも劣る DistilBERT を使う必要はありません．評判分析については DistilBERT と古典 NN はほぼ同じ精度ですので，精度を出したければ BERT，スピードを重視するのであれば古典 NN を使うのがよいです（古典 NN は DistilBERT よりも高速に動作するので）．固有表現認識については DistilBERT は古典 NN よりも精度が高いので，精度を出したければ BERT，スピードを重視するのであれば DistilBERT を使えばよいです．訓練データ数を変えたときに説明したとおり，ここで試した

---

6)　https://openai.com/blog/chatgpt

7)　ここではバンダイナムコ研究所が公開している日本語 DistilBERT を使いました．モデル名で bandainamco-mirai/distilbert-base-japanese と指定するだけで簡単に使えます．具体的な使用方法は Google Colab 上のコードをご参照ください．

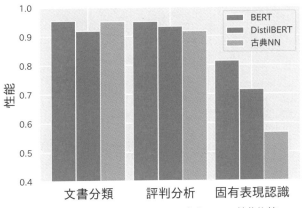

図 **7.10**　BERT, DistilBERT, 古典 NN の性能比較

のは各タスクに1つのデータセットですので，タスク全般に一般化できるわけではありません．図7.10のように様々な手法の精度を比較し，精度とスピードのトレードオフからどの手法を使うかを調べる必要があります．

7.3.5　マルチモーダル

　ディープラーニングの登場以降，言語・画像・音声など様々な分野でニューラルネットワークを用いた手法が用いられており，言語・画像・音声にまたがった解析（**マルチモーダル**）が大変行いやすくなってきました．その後，言語処理で提案された Transformer，ならびに，BERT の穴埋め問題などが画像・音声などでも使われてくるようになってきており，今後はより一層マルチモーダルな研究が進むと思われます．

　上記で説明したモデルの多くは transformers で簡単に使用できるようになっていますので，AllenNLP の Jsonnet 上でモデル名を変更する[8]ことで利用でき，非常に手軽に最新のモデルを試すことができます．

---

8)　これまで説明した東北大学の BERT モデルの場合は"cl-tohoku/bert-base-japanese-whole-word-masking"，バンダイナムコ研究所の DistilBERT モデルの場合は"bandainamco-mirai/distilbert-base-japanese"と指定すればよく，これら以外のモデルは https://huggingface.co/models を参照してください．

参考文献

[1] Duchi, John, Elad Hazan, and Yoram Singer. 2011. Adaptive Subgradient Methods for Online Learning and Stochastic Optimization. *Journal of Machine Learning Research* 12(7).

[2] Hovy, Eduard, Mitch Marcus, Martha Palmer, Lance Ramshaw, and Ralph Weischedel. 2006. OntoNotes: The 90% Solution. *HLT-NAACL*, 57-60. `https://aclanthology.org/N06-2015`.

[3] Kingma, Diederik P., and Jimmy Ba. 2015. Adam: A Method for Stochastic Optimization. *ICLR*: 1412.6980

[4] Sang, Erik F. Tjong Kim, and Fien De Meulder. 2003. Introduction to the CoNLL-2003 Shared Task: Language-Independent Named Entity Recognition. *CoNLL*, 142-147. `https://aclanthology.org/W03-0419`.

[5] Hochreiter, Sepp, and Jürgen Schmidhuber. 1997. "Long Short-Term Memory." *Neural Computation* 9(8): 1735-80. `https://doi.org/10.1162/neco.1997.9.8.1735`.

[6] Iyyer, Mohit, Varun Manjunatha, Jordan Boyd-Graber, and Hal Daumé III. 2015. "Deep Unordered Composition Rivals Syntactic Methods for Text Classification." *ACL-IJCNLP, (Volume 1: Long Papers)*, 1681-91. Beijing, China: Association for Computational Linguistics. `https://doi.org/10.3115/v1/P15-1162`.

[7] Kim, Yoon. 2014. "Convolutional Neural Networks for Sentence Classification." *EMNLP*, 1746-51. Doha, Qatar: Association for Computational Linguistics. `https://doi.org/10.3115/v1/D14-1181`.

[8] Lample, Guillaume, Miguel Ballesteros, Sandeep Subramanian, Kazuya Kawakami, and Chris Dyer. 2016. "Neural Architectures for Named Entity Recognition." *NAACL-HLT*, 260-70. San Diego, California: Association for Computational Linguistics. `https://doi.org/10.18653/v1/N16-1030`.

[9] Lecun, Y., L. Bottou, Y. Bengio, and P. Haffner. 1998. "Gradient-Based Learning Applied to Document Recognition." *Proceedings of the IEEE* 86(11): 2278-2324. `https://doi.org/10.1109/5.726791`.

[10] Bahdanau, Dzmitry, Kyunghyun Cho, and Yoshua Bengio. 2014. "Neural Machine Translation by Jointly Learning to Align and Translate." *arXiv Preprint*. arXiv:1409.0473.

[11] Brown, Tom, Benjamin Mann, Nick Ryder, Melanie Subbiah, Jared D Kaplan, Prafulla Dhariwal, Arvind Neelakantan, et al. 2020. "Language Models Are Few-Shot Learners." *NIPS*. `https://papers.nips.cc/paper/2020/hash/1457c0d6bfcb4967418bfb8ac142f64a-Abstract.html`

[12] Devlin, Jacob, Ming-Wei Chang, Kenton Lee, and Kristina Toutanova. 2019. "BERT: Pre-Training of Deep Bidirectional Transformers for Language Understanding." *NAACL-HLT*, 4171–86. Minneapolis, Minnesota: Association for Computational Linguistics. `https://doi.org/10.18653/v1/N19-1423`.

[13] Joshi, Mandar, Danqi Chen, Yinhan Liu, Daniel S. Weld, Luke Zettlemoyer, and Omer Levy. 2020. "SpanBERT: Improving Pre-Training by Representing and Predicting Spans." *TACL*, 8: 64–77. `https://doi.org/10.1162/tacl_a_00300`.

[14] Lan, Zhenzhong, Mingda Chen, Sebastian Goodman, Kevin Gimpel, Piyush Sharma, and Radu Soricut. 2020. "ALBERT: A Lite BERT for Self-Supervised Learning of Language Representations." *ICLR*, `https://openreview.net/forum?id=H1eA7AEtvS`.

[15] Lewis, Mike, Yinhan Liu, Naman Goyal, Marjan Ghazvininejad, Abdelrahman Mohamed, Omer Levy, Veselin Stoyanov, and Luke Zettlemoyer. 2020. "BART: Denoising Sequence-to-Sequence Pre-Training for Natural Language Generation, Translation, and Comprehension." *ACL*, 7871–80. Online: Association for Computational Linguistics. `https://doi.org/10.18653/v1/2020.acl-main.703`.

[16] Luong, Thang, Hieu Pham, and Christopher D. Manning. 2015. "Effective Approaches to Attention-Based Neural Machine Translation." *EMNLP*, 1412–21. Lisbon, Portugal: Association for Computational Linguistics. `https://doi.org/10.18653/v1/D15-1166`.

[17] Peters, Matthew E., Mark Neumann, Mohit Iyyer, Matt Gardner, Christopher Clark, Kenton Lee, and Luke Zettlemoyer. 2018. "Deep Contextualized Word Representations." *NAACL-HLT, Volume 1 (Long Papers)*, 2227–37, New Orleans, Louisiana: Association for Computational Linguistics. `https://doi.org/10.18653/v1/N18-1202`.

[18] Radford, Alec, and Karthik Narasimhan. 2018. "Improving Language Understanding by Generative Pre-Training." `https://s3-us-west-2.amazonaws.com/openai-assets/research-covers/language-unsupervised/language_understanding_paper.pdf`.

[19] Radford, Alec, Jeff Wu, Rewon Child, David Luan, Dario Amodei, and

Ilya Sutskever. 2019. "Language Models Are Unsupervised Multitask Learners." `https://d4mucfpksywv.cloudfront.net/better-language-models/language-models.pdf`.

[20] Raffel, Colin, Noam Shazeer, Adam Roberts, Katherine Lee, Sharan Narang, Michael Matena, Yanqi Zhou, Wei Li, and Peter J. Liu. 2020. "Exploring the Limits of Transfer Learning with a Unified Text-to-Text Transformer." *Journal of Machine Learning Research* 21(140): 1-67. `https://jmlr.org/papers/v21/20-074.html`.

[21] Sanh, Victor, Lysandre Debut, Julien Chaumond, and Thomas Wolf. 2019. "DistilBERT, a Distilled Version of BERT: Smaller, Faster, Cheaper and Lighter." *Proceedings of NeurIPS Emc2 Workshop.* `https://www.emc2-ai.org/assets/docs/neurips-19/emc2-neurips19-paper-33.pdf`.

[22] Sennrich, Rico, Barry Haddow, and Alexandra Birch. 2016. "Neural Machine Translation of Rare Words with Subword Units." *ACL*, 1715-25. Berlin, Germany: Association for Computational Linguistics. `https://doi.org/10.18653/v1/P16-1162`.

[23] Sutskever, Ilya, Oriol Vinyals, and Quoc V Le. 2014. "Sequence to Sequence Learning with Neural Networks." *NIPS*, Vol.27. Curran Associates, Inc. `https://proceedings.neurips.cc/paper/2014/file/a14ac55a4f27472c5d894ec1c3c743d2-Paper.pdf`.

[24] Vaswani, Ashish, Noam Shazeer, Niki Parmar, Jakob Uszkoreit, Llion Jones, Aidan N Gomez, Łukasz Kaiser, and Illia Polosukhin. 2017. "Attention Is All You Need." *NIPS*, Vol. 30. Curran Associates, Inc. `https://proceedings.neurips.cc/paper/2017/file/3f5ee243547dee91fbd053c1c4a845aa-Paper.pdf`.

[25] Seo, Minjoon, Aniruddha Kembhavi, Ali Farhadi, and Hannaneh Hajishirzi. 2017. "Bidirectional Attention Flow for Machine Comprehension." *ICLR.* `https://openreview.net/forum?id=HJ0UKP9ge`.

[26] Cui, Yiming, Wanxiang Che, Ting Liu, Bing Qin, and Ziqing Yang. 2021. "Pre-Training With Whole Word Masking for Chinese BERT." *IEEE/ACM Trans. Audio, Speech and Lang. Proc.* 29: 3504-3514. `https://doi.org/10.1109/TASLP.2021.3124365`.

[27] Ouyang, Long, Jeff Wu, Xu Jiang, Diogo Almeida, Carroll L. Wainwright, Pamela Mishkin, Chong Zhang, Sandhini Agarwal, Katarina Slama, Alex Ray, John Schulman, Jacob Hilton, Fraser Kelton, Luke Miller, Maddie Simens, Amanda Askell, Peter Welinder, Paul Christiano, Jan Leike, and Ryan Lowe. 2022. "Training Language Models to Follow Instructions with Human Feedback." *arXiv Preprint.* arXiv:2203.02155.

索　引

〈著者紹介〉

山田育矢（やまだ いくや）
2016 年　慶應義塾大学大学院政策・メディア研究科 博士後期課程 修了
現　　在　（株）Studio Ousia 代表取締役チーフサイエンティスト，理化学研究所革新知能統合研究センター 客員研究員
　　　　　博士（学術）
専　　門　自然言語処理，機械学習
主　　著　『Python によるはじめての機械学習プログラミング』（共著，技術評論社，2019）

柴田知秀（しばた ともひで）
2007 年　東京大学大学院情報理工学系研究科 博士後期課程 修了
現　　在　Yahoo! JAPAN 研究所 上席研究員
　　　　　博士（情報理工学）
専　　門　自然言語処理
主　　著　『自然言語処理概論（ライブラリ情報学コア・テキスト）』（共著，サイエンス社，2016）

進藤裕之（しんどう ひろゆき）
2013 年　奈良先端科学技術大学院大学情報科学研究科 博士後期課程 修了
現　　在　奈良先端科学技術大学院大学 特任准教授，MatBrain（株）代表取締役
　　　　　博士（工学）
専　　門　自然言語処理，機械学習
主　　著　『1 から始める Julia プログラミング』（共著，コロナ社，2020）

玉木竜二（たまき りゅうじ）
2017 年　電気通信大学大学院情報システム学研究科 博士前期課程 修了
現　　在　株式会社ディー・エヌ・エー
　　　　　修士（工学）
専　　門　自然言語処理，機械学習

Advanced Python 2

ディープラーニングによる
自然言語処理

Natural Language Processing
with Deep Learning

2023 年 5 月 15 日　初版 1 刷発行

著　者　山田育矢
　　　　柴田知秀　　ⓒ 2023
　　　　進藤裕之
　　　　玉木竜二

発行者　南條光章

発行所　共立出版株式会社
　　　　東京都文京区小日向 4-6-19
　　　　電話　03-3947-2511（代表）
　　　　郵便番号　112-0006
　　　　振替口座　00110-2-57035
　　　　www.kyoritsu-pub.co.jp

印　刷　大日本法令印刷

製　本　加藤製本

検印廃止
NDC 007.636

ISBN 978-4-320-12502-5

NSPA
一般社団法人
自然科学書協会
会員

Printed in Japan

統計的自然言語処理の基礎

Christopher D. Manning
Hinrich Schütze 著

加藤恒昭・菊井玄一郎・林 良彦・森 辰則 訳
B5判・640頁・定価12,100円（税込）ISBN978-4-320-12421-9

統計的自然言語処理を徹底的に論じた教科書

学問的基礎の記述の豊かさに加えて、マルコフモデルや確率文脈自由文法など、統計的自然言語処理の基盤となる概念について、丁寧な式の導出を含めたわかりやすい説明がなされている。そのような理論的基盤と合わせて、n-グラムモデルにおけるスムージングや分類学習における過学習など、実際の研究に役立つ内容に十分な量が割かれ、「今」の自然言語処理研究に、新たな積み上げを行うための基盤を提供する。

原著：Foundations of Statistical Natural Language Processing

自然言語処理のための 深層学習

Yoav Goldberg 著
加藤恒昭・林 良彦・鷲尾光樹・中林明子 訳
B5変型判・336頁・定価4,950円（税込）ISBN978-4-320-12446-2

ニューラルネットワークの技術を、これまでのさまざまな方法論と比較し、それらとの位置関係を丁寧に説明する。

ニューラルネットワークの利点や特徴を明らかにしながら、その導入を行い、言語処理の基盤技術となったニューラル言語モデルと単語埋め込み、再帰的ニューラルネットワーク(RNN)などの深層学習の技術を基礎から丁寧に解説する。

原著：Neural Network Methods for Natural Language Processing

www.kyoritsu-pub.co.jp

共立出版

（価格は変更される場合がございます）